GENETISCHE STUDIEN AM MEHLKÄFER TENEBRIO MOLITOR L.

Genetische Studien
am
MEHLKÄFER
TENEBRIO MOLITOR L.

VON

DR. F. P. FERWERDA

MIT EINER FARBIGEN TAFEL UND 24 FIGUREN

'S-GRAVENHAGE
MARTINUS NIJHOFF
1928

ISBN 978-94-011-8408-3 ISBN 978-94-011-9118-0 (eBook)
DOI 10.1007/978-94-011-9118-0

GENETISCHE STUDIEN AM MEHLKÄFER TENEBRIO MOLITOR L.

(Mit 24 Figuren und einer farbigen Tafel)

von

F. P. FERWERDA

INHALTSVERZEICHNIS

Seite

EINLEITUNG 2
ERSTES KAPITEL. TECHNIK 6
ZWEITES KAPITEL. BESCHREIBUNG DER TENEBRIO MOLITOR L. 11
§ 1. *Die Larve* 11
§ 2. *Die Puppe* 15
§ 3. *Der Käfer* 18
DRITTES KAPITEL. PIGMENTIERUNGSTYPEN 21
§ 1. *Einleitung* 21
§ 2. *Beschreibung der drei Pigmentierungstypen* 23
§ 3. *Kreuzungsresultate* 31
§ 4. *Dominanzwechsel* 49
VIERTES KAPITEL. DER TYPUS MIT V-FÖRMIGER KOPFGRUBE 61
§ 1. *Einleitung* 61
§ 2. *Beschreibung des Typus mit V-förmiger Kopfgrube* 61
§ 3. *Kreuzungsresultate* 69
FÜNFTES KAPITEL. IMAGINALE EIGENSCHAFTEN 76
a. Tarsus- und Antennenmerkmale . . 76
b. Die Augenfarbe 78
§ 1. *Einleitung* 78
§ 2. *Beschreibung des Auges* 78
§ 3. *Kreuzungsresultate* 84
§ 4. *Das gefleckte Auge* 99
ZUSAMMENFASSUNG 101
LITERATURVERZEICHNIS 104

EINLEITUNG

In den Jahren 1920-1924 veröffentlichte der Utrechter Genetiker S. A. ARENDSEN HEIN eine Reihe von Abhandlungen, in denen außer wichtigen systematischen und allgemeinbiologischen Angaben über den Mehlkäfer *Tenebrio molitor* L. insbesondere das erbliche Verhalten verschiedener Eigenschaften eingehend besprochen wurde. Leider hat ARENDSEN HEIN seine großzügig angelegte Untersuchungen nicht zu Ende führen können. Nach seinem Hinscheiden im Herbste 1925 wurde sein umfassendes Untersuchungsmaterial noch während einiger Monate von seiner Privatassistentin, Frl. J. VAN ELST, weitergezüchtet bis es zu Anfang 1926 nach dem Genetischen Institut der Reichs-Universität in Groningen gebracht und mir von Prof. TAMMES zur Weiterbearbeitung übergeben wurde.

Nachfolgende Arbeit ist also eine Fortsetzung der Untersuchungen ARENDSEN HEINS. Dasjenige, was ich bei der Weiterbearbeitung hinzufügen konnte, bildet einen weiteren Beitrag zur Genetik der Coleopteren, worüber bekanntlich nur wenige Angaben vorliegen.

Auffallend ist daß ein so bekanntes und so leicht zu züchtendes Tier wie *Tenebrio molitor* nicht eher für genetische Untersuchungen verwendet worden ist. Außer von ARENDSEN HEIN, sind genetische Studien an Käfern, soweit mir bekannt, nur von drei Untersuchern, u.z. von TOWER (77), BREITENBECHER (18, 19, 20) und ZULUETA (80) vorgenommen worden. Das Artikel ZULUETAS befand sich leider in einer mir nicht zugänglichen Zeitschrift und konnte daher nicht berücksichtigt werden [1]). Für anatomische und physiologische Studien hat dieses Tier verschiedenen Untersuchern zum Studiumobjekt gedient. Ich nenne in diesem Zusammenhang nur die Untersuchungen von FRENZEL (29) und RENGEL (63) und die verdauungsphysiologischen Studien von BIEDERMANN (11).

Bevor ich die Ergebnisse meiner eignen Untersuchungen bespreche,

---

[1]) Anm. b/d Korrektur. Die Arbeit KUNTZES im Z. f. ind. A. u. V., Bd. XLVII, Heft 2, 1928, wurde mir erst nach der Fertigstellung dieser Abhandlung bekannt.

will ich zunächst erwähnen, in welchem Stadium sich diejenigen Arendsen Heins befanden, als sein Versuchsmaterial mir übergeben wurde.

In den ersten Jahren seiner Untersuchungen hat Arendsen Hein sich hauptsächlich mit der Ermittlung der günstigsten Lebensbedingungen seines Objektes befaßt. Es ist ihm gelungen, die technischen Schwierigkeiten zu überwinden, sodaß es für mich nicht notwendig war, diese Untersuchungen neu aufzunehmen.

Die Arbeiten Pearls (55) veranlaßten Arendsen Hein, für *Tenebrio* die Lebensdauer unter verschiedenen äußeren Umständen zu untersuchen (Einfluß von Temperatur, Licht und Dunkelheit, Feuchtigkeit und Trockenheit, Form und Abmessungen des Gefäßes, in dem die Tiere aufgezogen wurden u. a.).

Die mit Rücksicht darauf angestellten Versuche sind abgeschlossen, die gesammelten Daten warten aber noch auf nähere Ausarbeitung. Ich hoffe später Gelegenheit zu finden, dieses Material druckfertig zu machen.

In systematischer Hinsicht haben Arendsen Heins Untersuchungen zu einer besseren, schärfer umrissenen Einteilung der Gattung *Tenebrio* geführt. Verschiedene, in der Literatur eingebürgerte Ungenauigkeiten (die Zahl der Häutungen der Larve, Stellung der Stacheln auf dem letzten Abdominalsegment u. a.) wurden berichtigt, cf. (2), S. 199, (4) S. 137. Weiter wurde eine genaue vergleichende porträtierende Beschreibung der verschiedenen Arten gegeben (4), S. 131, sodaß es jetzt möglich ist, diese schon als Larven voneinander zu unterscheiden.

Auch dieser Teil der Untersuchungen war von Arendsen Hein schon abgeschlossen und wurde von mir nicht neu aufgenommen.

Bei der Arbeit mit *Tenebrio molitor* hat Arendsen Hein es sich zur Hauptaufgabe gemacht, eine genetische Analyse zu machen. Beim Suchen nach in erblicher Zusammensetzung vom Normaltypus abweichenden Formen stieß er anfangs auf solche, welche sich bloß als Modifikationen erwiesen (Segment- und Stachelanomalien bei der Larve — das Vorkommen von Protethelie bei der Larve u. a., (2) S. 229-234).

Nach verhältnismäßig kurzer Zeit gelang es ihm aber, erblich verschiedene Formen zu finden. An erster Stelle sind von diesen zu nennen die drei Farbentypen, welche man im allgemeinen bei den

Larven unterscheiden kann. Die genetische Analyse derselben, soweit sie ausgearbeitet ist, findet man in (3) und besonders in (4) niedergelegt (cf. S. 124-125).

Arendsen Hein hat später diese Analyse fortgesetzt, aber nicht beendigt. Unter seinen nachgelassenen Aufzeichnungen befindet sich ein nicht veröffentlichtes Manuskript, das im Juli 1922 abgeschlossen worden ist und nähere Angaben über diese Analyse enthält.

Besonders die Veröffentlichungen Goldschmidts (33,35) haben mich veranlaßt bei der Fortsetzung der Arbeit Arendsen Heins namentlich diesen Teil der Untersuchungen nochmals aufzunehmen, da er m. E. einige interessante Anhaltspunkte bot.

Mit *Eigenschaften der Puppen* hat Arendsen Hein sich verhältnismäßig wenig beschäftigt. Das einzige Merkmal, das er eingehend untersucht hat, ist die Länge, die bei der verhaltnismäßig starren, wenig beweglichen Mumienpuppe sich ziemlich leicht ermitteln ließ. Mit unendlicher Geduld hat Arendsen Hein Tausende von Puppen gemessen um zu untersuchen, ob es möglich sei, verschiedene Rassen in Bezug auf die Puppenlänge zu unterscheiden. Ein jeder, der selbst auf genetischem Gebiet gearbeitet hat, kann sich denken, wie ungeheuer zeitraubend solche statistischen Bestimmungen sind. Die Ergebnisse dieser kurz vor seinem Tode abgeschlossenen Untersuchungen sind glücklicherweise festgelegt, aber noch nicht ausgearbeitet worden. Womöglich werde ich diese Daten später ausarbeiten und veröffentlichen. Von den von Arendsen Hein schon analysierten *Eigenschaften der Imago* sind zu nennen:

1) Anomalien an Tarsus und Antenne (3),
2) quantitative Eigenschaften von Prothorax und Elythren (5),
3) Farbe der zusammengesetzten Augen (2), S. 253.

Die unter 1) und 2) genannten Eigenschaften sind m. E. genügend analysiert und brauchen daher nicht weiter berücksichtigt zu werden.

Ganz anders ist es mit den unter 3) genannten *Augenfarben*. Namentlich diesem Teile der Untersuchungen hat sich Arendsen Hein zuletzt hauptsächlich gewidmet; leider hat er ihn nicht vollenden können. Die Angaben, welche sich gründeten auf eine große Anzahl Kreuzungen hinsichtlich der Augenfarbe, fanden sich unter den nachgelassenen Aufzeichnungen in übersichtlicher Weise zusammengefaßt und bildeten eine äußerst wichtige Basis für weitere Untersuchungen. Wo es ohnehin schon schwer ist, sich in kurzer Zeit in ein Problem von einem andern gestellt und schon teilweise ausgearbeitet hineinzufinden, ist der Wert sehr übersichtlicher Notizen wie ARENDSEN HEIN sie vorzüglich zu machen verstand, nicht hoch genug zu schätzen.

Bei der ganzen weiteren Untersuchung der Augenfarbe waren diese Angaben äußerst wichtige Fingerzeige, die mich vieler Arbeit enthoben und mich öfters davor behüteten bei den Untersuchungen eine falsche Richtung einzuschlagen.

Die Beschreibung des Standes der *Tenebrio*-Untersuchungen zu der Zeit, wo ich sie fortsetzte, würde unvollständig sein, ohne die Erwähnung zweier Punkte, die zwar nicht von ARENDSEN HEIN selbst untersucht worden sind, aber doch mit seinen Untersuchungen auf das engste zusammenhängen. Schon im Jahre 1920 warf ARENDSEN HEIN die Frage auf, ob parthenogenetische Entwicklung der *Tenebrio*-Eier möglich sei. Sowohl Züchtungsversuche, ARENDSEN HEIN, (1), als zytologische Untersuchungen, FREDERIKSE (27), beantworteten diese Frage verneinend.

Ein zweiter Punkt, der berücksichtigt werden muß, ist die Frage, ob wir aus den von ARENDSEN HEIN (4) bei seinen Versuchen zur Artkreuzung zwischen *Tenebrio molitor*, *Tenebrio syriacus* und *Tenebrio obscurus* erzielten negativen Resultaten schließen dürfen, daß Artbastarde in dieser Gattung nicht vorkommen.

FREDERIKSE (28) hat die zytologische Seite dieser Frage betrachtet und kommt zu den folgenden Schlüssen:

1) Bei diesen Artkreuzungen kommt nach der Kopulation wohl Verschmelzung der Gameten vor.

2) Das auf diese Weise befruchtete Ei entwickelt sich wohl, aber der Embryo geht in einem früheren oder späteren Stadium unter abnormen Kernteilungserscheinungen zugrunde.

FREDERIKSE hält die Möglichkeit nicht für ausgeschlossen, daß ein solches Ei sich in seltenen Fällen zur Larve oder gar zur Imago entwickeln könnte.

Hiermit hoffe ich den Stand der *Tenebrio*-Untersuchungen zu der Zeit, wo ich sie aufnahm, zur Genüge erörtert zu haben.

Bei der Fortsetzung dieser Untersuchungen ist also, außer einigen anderen Einzelheiten, insbesondere berücksichtigt:

1) das erbliche Verhalten der Körperfarbe bei Larve, Puppe und Imago.

2) das erbliche Verhalten der Augenfarbe bei der Imago.

ERSTES KAPITEL

TECHNIK

Die Züchtungsweise der Versuchstiere war in der Hauptsache die, welche ARENDSEN HEIN im Jahre 1920 angab (1).

Kurz gesagt, verfuhr man dabei folgenderweise:

Die Larven wurden in gläsernen Kristallisationsschalen mit senkrechten Wänden (Durchmesser 10 cm, Höhe 5 cm) gezüchtet. Es zeigte sich, daß ein Gemisch aus gemahlenem Zwieback, Kleie und Mehl die Nahrungsbedürfnisse am besten befriedigte. Die Schalen wurden in Brutschränken bei einer Temperatur von 25-27½° C. gehalten.

Um den Larven Flüssigkeit zu verschaffen und zugleich einen genügenden Feuchtigkeitsgrad in der Futtermasse im Stande zu erhalten, wurden ihnen regelmäßig rohe Kartoffelschnitten gereicht. Einmal wöchentlich wurden die von den Larven verpulverten Futterreste gesiebt und wurde frisches Futter gegeben. Die Dauer des Larvalstadiums ist bei den verschiedenen Stämmen ziemlich ungleich, überdies wird sie von den äußern Umständen bedingt. Minimal beträgt sie bei den günstigsten Verhältnissen 5 Monate; die durchschnittliche Dauer ist gut ½ Jahr (cf. 1, S. 148).

Nach einer Anzahl (10—14) Häutungen verwandelt sich die Larve in die für Coleoptera typische Mumienpuppe. Diese arbeitet sich durch Bewegungen des Abdomens hinauf und kommt auf die Futtermasse zu liegen. Einmal wöchentlich, zugleich mit der Futtererneuerung, werden die Puppen ausgesucht, gezählt, nötigenfalls die Männchen und Weibchen getrennt, und in die Puppenschalen, flache irdene Schüsseln mit einem Durchmesser von ± 13 cm und einer Tiefe von 3½ cm, gebracht. Diese Schalen werden mit einer Glasplatte abgeschlossen. Nach 10—12 Tagen schlüpft der Käfer aus. Sobald die Käfer völlig ausgefärbt sind, werden sie in Blechdosen von 15½ zu

9½ zu 7 cm gebracht, deren Boden mit einem Tuch aus schwarzem Satinett bedeckt ist. Zur Nahrung bekommen sie mit Milch getränkte Stückchen Zwieback und Stückchen rohe Kartoffel. Weiter werden den Tieren Flanellfetzen von $\pm$ 1 qcm gegeben, auf welche sie ihre Eier legen. Diese Fetzen mit den Eiern werden wöchentlich ausgesucht und nachdem die Zahl der Eier bestimmt worden ist, in eine Blechdose mit einer fingerdicken Schicht Larvenfutter gebracht. Die jungen Larven schlüpfen nach 10-12 Tagen aus dem Ei, bleiben zunächst noch einige Zeit auf den Flanellfetzen sitzen und verbreiten sich dann über die ganze Futtermasse. Sobald die Larven etwa einen Monat alt sind, werden sie aus der Eierdose in eine Larvenschale gebracht (s. oben).

Bei den weiteren Untersuchungen ergab sich, daß es praktisch war, einige kleine Änderungen an dem obenbeschriebenen Verfahren vorzunehmen.

Wenn man die ausgeschlüpften Käfer bei den noch in der Puppenschale befindlichen Puppen läßt, werden diese fast immer von den Käfern angefressen. Arendsen Hein (1) suchte dieses Hindernis dadurch zu überwinden daß er Stückchen Zwieback in die Puppenschale legte, sodaß die Käfer sofort Nahrung fanden. Dieses Verfahren schien aber das Übel nicht endgültig zu beseitigen. Deshalb wurde neben der Puppenschale eine zweite Schale in Gebrauch genommen, in welche jeden Tag die ausgeschlüpften Käfer hinüber gebracht wurden. Auf diese Weise blieben die ausgefärbten Käfer und die Puppen immer getrennt und wurde unnötiger Puppenverlust durch Anfressung verhütet. Da die Käfer regelmäßig mit Stückchen Kartoffel versehen werden mußten, war es zu zeitraubend sie in den obengenannten Käferdosen zu halten. Daher wurden sie nun in Schalen gebracht, wie sie auch für die Larven verwendet werden. Diese lassen sich bequemer handhaben als Blechdosen und ermöglichen außerdem eine bessere Lüftung.

Hatte Arendsen Hein bisweilen mit Feuchtigkeit zu kämpfen, infolgedessen *Tyroglyphus* auftrat, (1), S. 102, so hatte ich eine andere Feindin zu bekämpfen u.z. die Trockenheit. Diese war im Kellergeschoß, in dem das *Tenebrio*-Material untergebracht worden war, geradezu hinderlich. Durch Verdunstung von Wasser war dieses Hindernis nicht ganz zu beseitigen.

Im allgemeinen litten die Larven weniger unter der Trockenheit als die Imagines und die Eier. Das ist an sich kein Wunder, weil die Larven regelmäßig mit Kartoffelschnitten gefüttert wurden, wodurch in der Kleienmasse immer ein genügender Feuchtigkeitsgrad erhalten blieb.

Für die Imagines, aber namentlich für die Eier war diese Trockenheit sehr hinderlich. Nicht nur war die Sterblichkeit unter den Käfern ungemein groß, sondern auch die Eierablage war stark herabgesetzt. Es kam noch hinzu, daß ein großer Teil der Eier vertrocknete und keine Larven ergab. Die Sterblichkeit unter den Eiern betrug unter diesen Umständen 50 bis 60 %. ARENDSEN HEIN verzeichnet in (1) S. 206-207, als durchschnittliche Sterblichkeitsziffer 32,4 %. Im Vergleich hiermit ist die ermittelte Sterblichkeitsziffer wohl außerordentlich hoch.

Mit Hilfe des gewöhnlichen Reizmittels, d. h. mit Milch oder mit einer Lösung von Hühnereiweiß getränkten Zwiebacks, wußte man es zwar dahin zu bringen, daß die Käfer etwas mehr Eier erzeugten, aber die hinderlich große Sterblichkeit unter den Eiern nahm nicht ab.

Auf sehr einfache Weise gelang es, dieser außerordentlich großen Sterblichkeit unter den Eiern entgegenzutreten: die Flanellfetzen mit den Eiern wurden in Salbenbüchsen getan und diese wurden in einen Brutschrank von ± 30° C. gebracht, worin die Atmosphäre mittels Schalen mit Wasser sehr feucht gehalten wurde (80-90 % rel.). In dieser feuchten Wärme keimten die Eier nicht nur zum viel größern Teil (60 %), sondern auch viel schneller; gewöhnlich innerhalb einer Woche. Die ausgeschlüpften Larven halten sich zunächst eine Zeitlang auf den Flanellfetzen auf und versammeln sich nach der ersten Häutung unten in der Büchse. Einmal wöchentlich wurden die jungen Larven daraus in eine Schale mit Larvenfutter hinübergebracht, welche die ersten 3 bis 4 Monate bei etwa 30° C. gehalten wurde. Dies geschah anläßlich der von ARENDSEN HEIN festgestellten Tatsache, daß eine Temperatur von ± 30° C. eine schnellere Entwicklung der jungen Larven herbeiführt; dagegen scheint diese Temperatur auf das Wachstum der älteren Larven hemmend zu wirken. Deshalb wurden diese bei einer Temperatur von 25-27½° C. gehalten, (4), S. 150. Die Feuchtigkeit der Luft im Raum wurde auf 40 % erhöht, indem man Wasser aus einem unten durch Kohlenfadenlampen erwärmten flachen Behälter verdunsten ließ. Hierdurch wurde verhütet, daß die Puppen vertrockneten und wurde ein optimaler Prozentsatz schlüpfender Käfer erzielt.

So konnte folglich in verhältnismäßig einfacher Weise eine große Schwierigkeit überwunden und die Untersuchung unbedenklich weitergeführt werden.

Parasiten hinderten die Kulturen wenig. *Tyroglyphus farinae* zeigte sich nur vereinzelt und dann nur noch bei Kulturen, die entweder zu feucht waren, weil man sie zu reichlich mit Kartoffelschnitten versehen hatte, oder die man vernachlässigt hatte. Durch Sterilisierung des Larvenfutters (trocken bei ± 60° C.), durch regelmäßige Erneuerung des Futters, durch nicht zu reichliches Füttern mit Kartoffelschnitten und durch eine ständige Temperatur von 25-27½° C. konnte *Tyroglyphus farinae* mit Erfolg bekämpft werden.

Ein zweiter Parasit, der mitunter ein wenig hinderlich, aber nie schädlich ist, ist die Mehlmotte *Asopia farinalis*. Die Raupe dieses Insektes gedeiht vorzüglich im Futtergemisch der *Tenebrio*-Larven und bildet darin manchmal so dichte Gespinste, daß die ganze Kleienmasse zu einem zusammenhängenden Klumpen wird. Eine derartige starke Entwicklung tritt nur bei den Kulturen auf, in welchen die Larven schwach sind oder sich in geringer Anzahl vorfinden. Bei starkbevölkerten *Tenebrio*-Kulturen habe ich nie etwas von *Asopia* verspürt; offenbar kann sie sich hier nicht behaupten.

Die einzige Bekämpfungsmethode, die aber nur angewandt wird, wenn die gebildeten Gespinste den *Tenebrio*-Larven hinderlich sind, ist diese, daß man die *Asopia*-Raupen aussucht, die *Tenebrio*-Larven sichtet und ihnen neues Futter reicht. Ansteckung mit *Asopia farinalis* kommt augenscheinlich nicht dadurch zustande, daß die Eier sich im Mehl oder in der Kleie vorfinden, sondern dadurch daß herumfliegende Motten ihre Eier in die Larvenschalen legen. Denn es ist doch nicht anzunehmen, daß die Eier von *Asopia* eine Temperatur von gut 60° C. während einiger Stunden ertragen könnten (s. oben).

Ich möchte an dieser Stelle darauf aufmerksam machen, daß obengenannte Mehlmotte vielleicht ein geeignetes Objekt für genetische Untersuchungen bildet. Unter günstigen Umständen kann sie das ganze Jahr hindurch gezüchtet werden; bei einer Temperatur von 25-27½° C. beträgt die Dauer einer Generation etwa 2 bis 3 Monate. Eine Schwierigkeit ist aber, daß „pair-mating" hier nur selten gelingt; möglicherweise läßt sich diese Schwierigkeit durch eingehendere Untersuchungen beseitigen. In Massenkultur ist diese Motte sehr leicht zu züchten.

Obenerwähnte Ergebnisse stimmen völlig überein mit dem, was WHITING (79) für die verwandte mediterrane Mehlmotte *Ephestia kühniella* ermittelte. So bot die Kultur von *Tenebrio molitor* in technischer Hinsicht keine überwiegenden Schwierigkeiten mehr und konnten die eigentlichen Untersuchungen fortgesetzt werden.

Aus obiger Beschreibung ist wohl zur Genüge hervorgegangen, daß die Züchtungstechnik zwar sehr einfach, aber ziemlich zeitraubend ist. Die Resultate, welche die Untersuchungen gezeitigt haben, haben aber die Mühe, die in technischer Hinsicht an sie verwendet wurde, reichlich belohnt.

ZWEITES KAPITEL

BESCHREIBUNG DER TENEBRIO MOLITOR L.

Obgleich ARENDSEN HEIN die allgemeine Biologie und die Morphologie von *Tenebrio molitor* L. ausführlich beschrieben hat (2, 3, 4), ist es zum richtigen Verständnis des hier zu Besprechenden notwendig dasjenige, was ARENDSEN HEIN darüber mitgeteilt hat, kurz zusammenzufassen. Einige Angaben die ich habe hinzufügen können, sind ebenfalls in dieser Zusammenfassung verarbeitet.

§ 1. *Die Larve.* Pl. I: 1, 2, 3; Fig. 1

Ein jeder, der wohl einmal ein Terrarium oder eine Voliere mit insektenfressenden Vögeln angelegt hat, kennt unzweifelhaft den Mehlwurm. Unter diesem Namen ist der glänzende orangenfarbige, gut 30 mm lange und fast $3\frac{1}{2}$ mm dicke Larve des Mehlkäfers *Tenebrio*

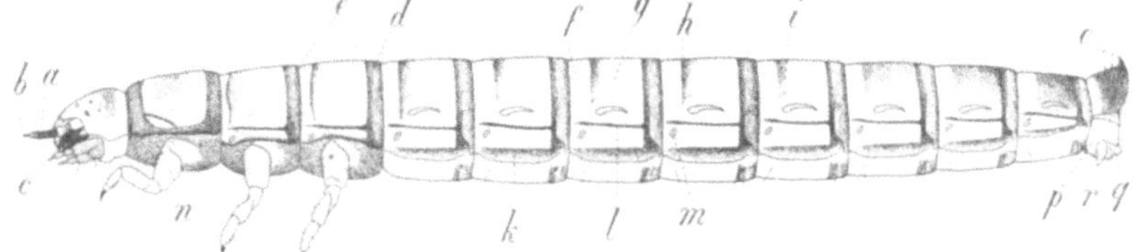

FIG. 1. Seitenansicht einer ausgewachsenen Larve. V = 3 ×. Erklärung im Text.

molitor L. allgemein bekannt. Der Körper dieser Larve zeigt eine deutliche Gliederung in Kopf, Thorax und Abdomen, während letztgenannte zwei Körperteile deutlich segmentiert sind. Die 3 thorakalen Segmente sind daran zu erkennen, daß jedes ein Paar Beine hat. Die Abdominalsegmente, 9 an der Zahl, sind mit Ausnahme des 9. alle ungefähr zylindrisch. Das 9. Abdominalsegment weicht stark in Form ab; es sieht aus wie ein Kegel mit zwei Spitzen, welche durch zwei divergente dorsalwärts gerichtete Stacheln, *o*, gebildet werden. BERLESE (9, S. 334) nennt diese Stacheln corniculi. Auf der Ventralfläche dieses 9. Segmentes findet man dicht beim proximalen Rand eine ausstülpbare Papille, an deren Spitze der Enddarm ausmündet, *p*. Links und rechts vom After findet sich ein papillares Scheinfüßchen, *q*. KERSCHNER (45) hält diese Papille für das 10. Abdominalsegment (cf. S. 342). Wenn diese Annahme richtig ist, muß die obenangegebene Zahl der Abdominalsegmente um 1 vermehrt werden.

Folgende Punkte müssen besonders berücksichtigt werden:

1. Wenn man die Larve zwischen Daumen und Finger nimmt und den Kopf von der Rostralseite betrachtet, so fallen auf:

α. die viergliedrigen Antennen, Fig. 1, *a*. Das terminale Glied derselben ist sehr klein und endet in eine Fühlborste, Fig. 1, *b*. Das vorletzte Antennenglied ist das größte. Besonders die Farbe des dritten Gliedes hat taxonomischen Wert.

β. die stark entwickelten larvalen Kiefer, Fig. 1, *c*. Die Spitzen derselben sind immer kohlschwarz, die Lateralflächen nicht immer. Die Farbenverteilung auf den larvalen Kiefern bildet ebenso wie die Farbe des vorletzten Antennengliedes ein wichtiges Merkmal für die Unterscheidung der verschiedenen Larventypen.

2. Schon bei oberflächlicher Betrachtung fällt an Thorax und Abdomen eine regelmäßige Abwechslung von dunkelfarbigen schmalen mit etwa dreimal so breiten hellfarbigen Querbändern auf. Eine nähere Betrachtung lehrt, daß jedes der Körpersegmente durch solch ein dunkles Querband distal abgeschlossen ist, Fig. 1, *d*. Eine Ausnahme von dieser Regel bilden das erste Thorakalsegment, welches auch an seinem proximalen Rand solch ein dunkles Querband hat und das letzte Abdominalsegment, an welchem dieses Querband gar nicht vorkommt. Dadurch zählt man 12 solche Querbänder am Körper. Es hat sich herausgestellt, daß diese Querbänder nicht ausschließlich durch eine lokal stärkere Entwicklung des Chitins und eine intensivere Pigmentation desselben bedingt werden. Eine genauere Betrachtung ergibt nämlich, daß an dieser Stelle das Integument eine das Tier wie einen Gürtel umgebende Querfalte bildet, die den rostralen Rand des folgenden Segmentes bedeckt. Die Segmente sind also gleichsam wie die Glieder eines Fernrohrs ineinander geschoben. Die Breite dieser Querbänder variiert mit dem Streckungszustand des Tieres; sie haben eine Breite von etwa ein Viertel der Länge des Segmentes, wenn die Larve völlig gestreckt ist; diese Breite kann bei Zusammenziehung des Tieres bis auf die Hälfte reduziert werden. Es ist selbstverständlich daß

die Farbe der Querbänder mit dem Streckungszustand des Tieres wechselt; sie ist am dunkelsten, wenn dieses sich völlig zusammenzieht, am hellsten wenn es sich ganz streckt.

Der proximale Teil, der Körpersegmente wird durch obengenannte breite, heller gefärbte Bänder, Fig. 1, *e*, gebildet. An diesen breiten Bändern sind zwei scharf voneinander getrennte Teile erkennbar:

1. ein weißer Teil der ungefähr ebenso breit ist wie das dunkelfarbige Querband und den proximalen Rand des Segments bildet (ausgenommen beim ersten Thorakalsegment). Dieser weiße Ring ist nur an der Dorsalseite deutlich wahrnehmbar. Fig. 1, *f*.

2. Der ziemlich gleichmäßig pigmentierte mittlere Teil, Fig. 1, *g*, des Segmentes. Die Grenze zwischen dem Mittelstück und dem weißen Ring ist besonders auf dem mittleren Teil des Körpers auffallend scharf erkennbar. Sie wird durch einen Pigmentquerstreifen, *h*, gebildet, der in der dorsalen Mittellinie am breitesten ist, auf der Lateralfläche schmaler wird und ungefähr zur halben Höhe der Seitenfläche endet. Der Endpunkt, *i*, dieses Pigmentquerstreifens wird durch einen Eindruck im Chitin angegeben, welchen Arendsen Hein als Eindruck No. 4 beschrieb (4, S. 129, Fig. 2). Wie ich habe beobachten können, ist dieser Pigmentquerstreifen immer sehr deutlich auf Meso- und Metathorax und auf dem ersten Abdominalsegment entwickelt; er läuft hier ventral weiter bis an den Pigmentlängsstreifen (s. unten), geht aber nicht in diesen über. Auf diesen 3 Segmenten bildet der Pigmenquerstreifen gleichsam eine Verdickung an der Oberfläche des Körpers, dies ist an dem rostralen Rand dieses Streifens besonders deutlich wahrnehmbar.

Die obenbesprochenen Querbänder sind auch als solche an der Ventralseite zu erkennen. Sie gehen aber nicht ununterbrochen von Tergit auf Sternit über, sondern zeigen auf der Grenze zwischen diesen zwei Teilen eine deutlich wahrnehmbare Unterbrechung. An dieser Stelle spaltet sich vom Querband ein Längsband, *k*, ab. Dieses ist etwas schmaler als das Querband, hat dieselbe Struktur und ungefähr dieselbe Farbe als dieses und läuft bis an den proximalen Rand des Segmentes. Man findet diese Längsbänder auf allen Körpersegmenten, mit Ausnahme des letzten Abdominalsegmentes. Morphologisch entspricht dieses Längsband den verdickten ventralen Rand des Tergits. An dieser Stelle grenzen Tergit und Sternit ebenso dachziegelartig aneinander, wie es oben bei den Querbändern behandelt wurde. Die

Breite und mithin auch die Farbe dieses Längsbandes wechselt mit dem Streckungszustand des Tieres.

In einer Entfernung von ± ½ mm läuft dorsal von und parallel mit dem Längsband ein schmaler dunkler Pigmentstreifen, *l*, der sich dorsal an das Querband anschließt und proximalwärts weiterläuft bis an die Stelle, wo der weiße Ring anfängt oder in einzelnen Fällen auch noch in diesen eindringt. Dieser Pigmentlängsstreifen hat denselben Farbenton als die Querbänder, ist aber bedeutend dunkler. Er kommt auf allen Segmenten vor, außer auf dem letzten Abdominalsegment.

ARENDSEN HEIN bezeichnete diesen Pigmentlängsstreifen als „Seitenlinie" (4, S. 128).

Soweit mir bekannt ist, wurde diese „Seitenlinie" vor ARENDSEN HEIN nur von einem Verfasser beschrieben u. z. von KRÜGER (46). Dieser Untersucher spricht von „Lateralleiste" (cf. S. 6), obgleich er ausdrücklich hinzufügt, daß er unter dem Wort „Leiste" nicht eine aus der Körperoberfläche hervorragende Längsleiste verstehe. Aus seiner Abbildung Fig. 3, S. 7, geht dies auch aufs deutlichste hervor. Diese „Lateralleiste" weist bei mikroskopisch-anatomischer Untersuchung einen interessanten Bau auf, indem der Chitinpanzer dort durch keilförmige stärker pigmentierte Stücke verstärkt ist. Weil nun dieser Pigmentlängsstreifen durchaus nicht den Charakter einer Leiste hat, finde ich KRÜGERS Bezeichnung weniger glücklich gewählt. Gegen den von ARENDSEN HEIN eingeführten Namen „Seitenlinie" erhebt sich m. E. das Bedenken, daß man bei diesem Wort an ein Sinnesorgan denkt, während dies durchaus nicht darunter verstanden wird. Deswegen möchte ich vorschlagen, hier die neutrale Bezeichnung „Pigmentlängsstreifen" anzuwenden.

In dem proximalen Teil des vom Längsband und Pigmentlängsstreifen eingeschlossenen Feldes, gerade in der Verlängerungslinie des proximalen Randes des Pigmentquerstreifens und ebenso weit von der Dorsalfläche als von der Ventralfläche entfernt, befindet sich eine ovale oder kreisrunde Öffnung, *m*, mit etwas verdicktem mitunter pigmentiertem Rande. Dies ist das Stigma; man findet Stigmata auf allen Körpersegmenten, außer auf dem letzten Abdominalsegment, während auf dem Prothorax, ein wenig dorsal von den Coxae, Grübchen, *n*, vorkommen, welche ARENDSEN HEIN für rudimentäre Stigmata hält.

Die Thorakalsegmente sind an der Ventralseite ziemlich dunkel pigmentiert; diese Ventralseite ist viel matter, hat aber ungefähr dieselbe Farbe als die Querbänder des Tieres. Die Farbe dieses Körperteiles bildet ein wesentliches Merkmal für die Unterscheidung der verschiedenen Larventypen.

Zum Schluß sind noch einige Einzelheiten bezüglich der Extremitäten des Thorax zu erwähnen. Jedes der Beine besteht aus 5 Gliedern; das am meisten distale Glied wird durch eine gebogene, dunkel pigmentierte Kralle gebildet. Die Farbenverteilung auf diesen Krallen ist von großer Wichtigkeit bei der Identifizierung der verschiedenen Larventypen.

Am Ende des Larvenstadiums, dessen Dauer sehr variabel ist (5—27 Monate), was nicht nur von äußeren Umständen sondern auch von der erblichen Veranlagung bedingt wird, verpuppt sich die Larve.

§ 2. *Die Puppe.* Pl. I: 4, 5, 6; Fig. 2

Die Puppe ist eine typische Mumienpuppe, sehr beweglich und sichelförmig gekrümmt (Konkavseite = Ventralseite). Der Kopf ist

FIG. 2. Puppe von der Seite gesehen. V = 4 ×.

ganz unter dem Prothorax, Fig. 2, ***a***, zurückgebogen, sodaß, wenn man die Puppe von der Dorsalseite betrachtet, der Prothorax das erste Segment zu sein scheint. Der Körper weist dieselbe Gliederung in Segmente auf als bei der Larve; auch hier wird der distale Rand jedes der Segmente, mit Ausnahme des Prothorax und der letzten zwei Abdominalsegmente, durch ein dunkelfarbiges Querband gebildet, welches hier aber nicht die Gestalt einer Querfalte im Integument hat, sondern vielmehr wie eine linsenförmige, weniger stark chitinisierte Membran aussieht. Längsbänder und Pigmentlängsstreifen kommen bei der Puppe nicht vor.

Sehr auffallend sind die flügelartigen lateralen Verbreiterungen, *c*, die alle Abdominalsegmente außer dem Letzten aufweisen. In Bezug auf diese lateralen Segmentverbreiterungen habe ich folgendes feststellen können. Die lateralen Ränder dieser Verbreiterungen tragen 3—5 Stacheln; der kaudale und rostrale Rand und die Spitzen der obenerwähnten Stacheln sind dunkel pigmentiert; diese Farbe ist meistens rotbraun bis braun, selten schwarz. Die Farbe auf den Rändern dieser Segmentflügel ist von Bedeutung für die Unterscheidung der verschiedenen Typen.

In der Larve, die im Begriff ist, sich zu verpuppen, Fig. 3, sind diese pigmentierten Ränder bereits durch die Larvenhaut hindurch deutlich sichtbar.

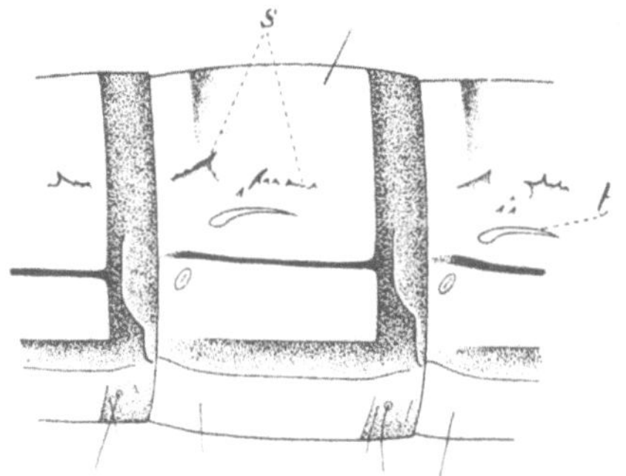

Fig. 3. Lateralansicht eines Abdominalsegmentes einer ausgewachsenen Larve. V = 10 ×. Erklärung im Text.

Sie zeigen sich dort als eine gebrochene dunkele Linie, *s*, etwas dorsal von dem Chitineindruck, *t*, welchen Arendsen Hein als kommaförmigen Eindruck beschrieb (c. f. 4, S. 130).

Durch dieses einfache Merkmal lassen sich die Larven, die im Begriff sind, sich zu verpuppen, sofort erkennen.

Das letzte Abdominalsegment, Fig. 4, ist bedeutend kleiner als die andern Abdominalsegmente und ist von der Ventralseite betrachtet U-förmig; an seinem distalen Rand trägt es zwei große, divergente, an der Spitze pigmentierte Stacheln, *a*.

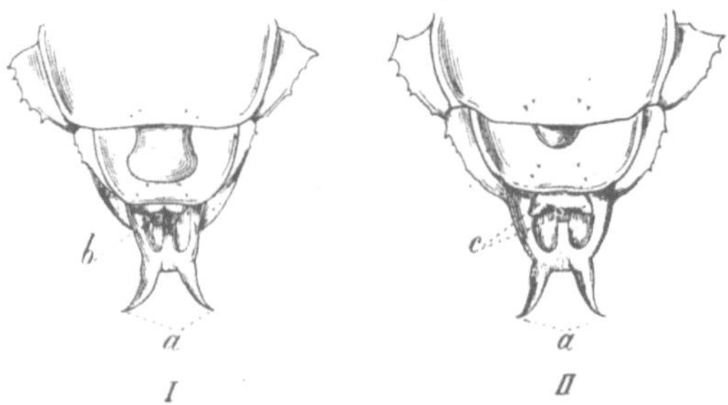

Fig. 4. Die letzten Abdominalsegmente einer männlichen (I) und einer weiblichen Puppe (II) von der Ventralseite. V = 6×. Erklärung im Text.

An der Ventralseite weist dieses Segment eine Aushöhlung auf, welche lateral und distal durch einen verdickten U-förmigen Rand des Segmentes selbst begrenzt wird. Der proximale Rand wird durch den distalen Rand des vorletzten Abdominalsegmentes gebildet, welcher Rand das letzte Abdominalsegment zum Teil bedeckt. In dieser Aushöhlung, an dem distalen Rand des zweitletzten Segmentes, liegen einige kleine Knoten. Diese Körperchen, beim Männchen vier an der Zahl, sind geordnet auf die Weise, wie in Fig. 4, *b*, angegeben ist. Bei der weiblichen Puppe findet man nur zwei solche Knoten, *c*. Sie sind dort größer, mehr warzenförmig und an der Basis miteinander verwachsen SALING (68) und KERSCHNER (45) beschrieben schon diese Geschlechtsunterschiede bei der Puppe. Bei letztgenanntem Autor findet man nähere Einzelheiten über die Bedeutung der obenerwähnten Knoten. Durch diesen leicht wahrnehmbaren Unterschied kann man ohne jede Mühe männliche und weibliche Puppen voneinander trennen, ein Umstand, dessen Wert für genetische Untersuchungen nicht hoch genug anzuschlagen ist.

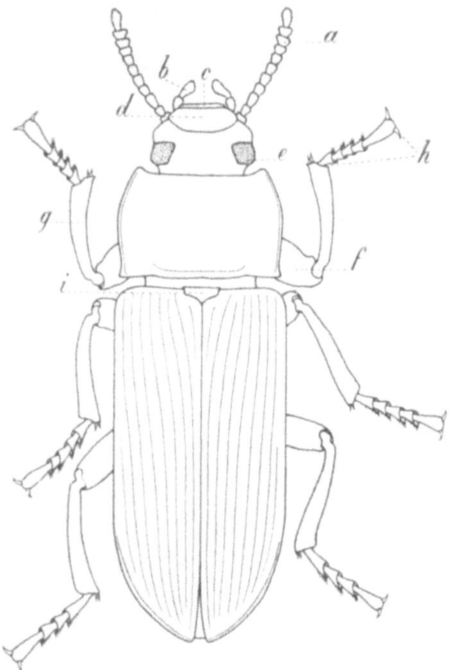

FIG. 5. Käfer von der Dorsalseite gesehen. Ein wenig schematisiert. V = 4 ×.

Die Dauer des Puppenstadiums betrug gemäß den Umständen, unter welchen meine Untersuchungen angestellt wurden etwa 10—12 Tage. Die hier angegebene Dauer steht zwischen der von KERSCHNER (45, S. 350) und von BACHMETJEW (6, S. 236) in der Mitte. Diese Untersucher geben für die Dauer des Puppenstadiums bezw. 7—9 Tage (d. h. bei 24° C.) und 16½ Tage (d. h. bei 16° C.) an.

Am Ende dieser Periode kann man alle Teile der Imago bis in Einzelheiten erkennen, da diese dann bereits teilweise pigmentiert sind.

§ 3. *Der Käfer*. Fig. 5

Arendsen Hein behandelt das Ausschlüpfen des Käfers nicht. Ich beobachtete, daß der junge Käfer seine Haemolymphe vorzwängt; dabei platzt ihm die Puppenhaut auf dem Prothorax in der dorsalen Mittellinie und macht er zunächst den vordern Teil seines Körpers frei. Sodann wird die Puppenhaut vom Abdomen abgestreift und schließlich werden die Extremitäten gänzlich befreit. Bei einem eben ausgeschlüpften Käfer ist der Chitinpanzer noch nahezu weiß, mit Ausnahme der Teile, welche schon in der Puppenhaut ihren Pigmentationsprozeß durchmachen. Diese anfangs weißen Teile sind nach wenigen Tagen ebenfalls völlig ausgefärbt. Auf diesen Ausfärbungsprozeß komme ich noch ausführlicher zurück.

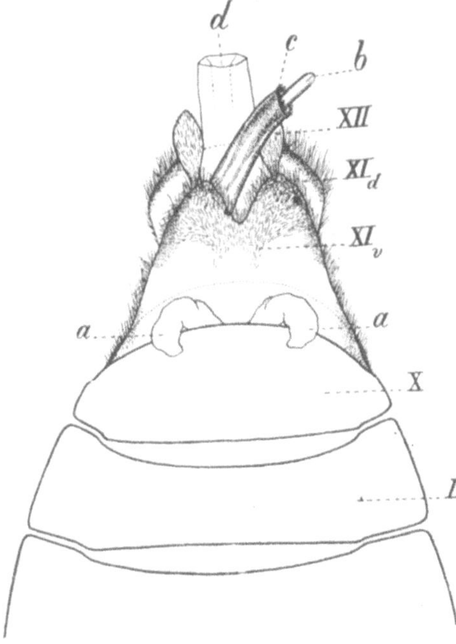

Fig. 6. Ventralansicht der äußern Geschlechtsorgane eines männlichen Käfers. V = ± 12 ×.
IX-XII Nummern der Segmente.
XI*d* Tergit von XI.
XI*v* Sternit von XI.
a Styli.
b Penis.
c Penisscheide.
d After.

Von dem allgemeinen Habitus des Käfers bekommt man einen Eindruck durch Fig. 5.

Die Länge beträgt etwa 18 mm. Die Farbe ist an der Dorsalseite meist dunkel braunschwarz, die Ventralseite und die Extremitäten sind rotbraun. Sehr selten ist der ganze Käfer kohlschwarz.

Von großer Wichtigkeit für die Unterscheidung der verschiedenen Farbentypen beim Käfer ist die Farbe der Dorsalseite, der Ventralseite und der Extremitäten. Die beiden Geschlechter lassen sich auf einfache Weise voneinander unterscheiden an der Form der Chitinklappe, welche die äußern Geschlechtsorgane

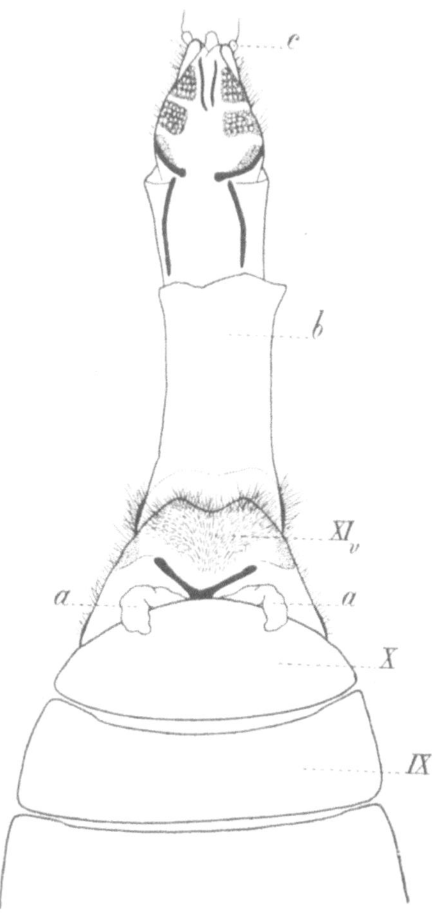

FIG. 7. Die ausgestülpten äusseren Geschlechtsorgane eines weiblichen Käfers von der Ventralseite. V = ± 12 ×.
a Styli.
b Legebohrer.
c Fühler des Legebohrers.
Die übrigen Bezeichnungen wie in Fig. 6.

an der Ventralseite bedeckt.

Diese Klappe, welche morphologisch dem Sternit des 8. Abdominalsegmentes entspricht (s. KERSCHNER, 45, S. 358) ist beim Männchen mediangespalten, beim Weibchen nicht, Fig. 6 und Fig. 7. Wenn das Tier in Ruhe ist, wird diese Klappe durch das Sternit des 7. Abdominalsegmentes, Fig. 6, X, bedeckt. Drückt man leise auf den Hinterleib, so werden die äußern Geschlechtsorgane ausgestülpt und ist die Klappe deutlich wahrnehmbar.

Etwa 3 × 24 Stunden nach dem Ausschlüpfen legen die Weibchen ihre ersten Eier; sie fahren damit ± 2 Monate fort. Das Gelege eines Weibchens enthält durchschnittlich 100-150 Eier. Nach etwa 10 Tagen verläßt die junge Larve das Ei.

Diese lange Einleitung war unbedingt notwendig, weil bei der Besprechung der eigentlichen Untersuchungen immer wieder auf die obenbeschriebenen weniger bekannten morphologischen Einzelheiten verwiesen wird.

Die Merkmale, die taxonomischen Wert haben, sind also:

a) *für die Larve:*

α. die Farbe der Querbänder.
β. die Farbe des mittleren Teiles der Segmente.
γ. die Farbe der Dorsalseite des 8. Abdominalsegmentes.
δ. die Farbe der Ventralseite der Thorakalsegmente.
ε. die Farbenverteilung auf der Lateralfläche der Kiefer und auf den Krallen.
φ. die Farbe des vorletzten Antennengliedes.

b) *für die Puppe:*

α. die Farbe der Querbänder.
β. die Farbe der Ränder der lateralen Segmentverbreiterungen.

c) *für den Käfer:*

α. die Farbe der Dorsalseite.
β. die Farbe der Ventralseite.
γ. die Farbe der Extremitäten.

DRITTES KAPITEL

PIGMENTIERUNGSTYPEN

§ 1. *Einleitung*

Bei *Tenebrio molitor* kann man im wesentlichen drei Pigmentierungstypen unterscheiden; diese drei Typen werden nacheinander für Larve, Puppe und Imago besprochen.

Die am meisten vorkommende Farbe bei der Larve von *Tenebrio molitor* L. ist gelborange. Sowohl die von Vogelhändlern bezogenen Larven als die, welche in Mehlspeichern u. s. w. gesammelt worden sind, zeigen ausschließlich oder fast ausschließlich diese Farbe.

Im Jahre 1915 fand ARENDSEN HEIN, nachdem er sich die Mühe gegeben hatte, eine große Anzahl Larven sehr verschiedener Herkunft zu untersuchen, neben einer übergroßen Mehrheit orangenfarbiger Larven auch einige dunklere, mehr braun gefärbte.

Diese Larven, deren Farbe ARENDSEN HEIN als rehbraun bis kastanienbraun bezeichnet, lieferten einige für diesen Farbentypus scheinbar reine Stämme. Aus einem dieser Stämme entwickelten sich im Jahre 1916 einige Käfer, die durch ihre tiefschwarze Farbe auffielen. Sogar die Extremitäten und die Ventralseite des Abdomens, die gewöhnlich eine rotbraune Farbe haben (s. S. 18), waren hier kohlschwarz. Diese Käfer, die mit recht als Melanisten bezeichnet werden dürfen, wurden untereinander gepaart und erzeugten einen reinen Stamm, dessen Larven bedeutend dunkler gefärbt waren als die, welche ARENDSEN HEIN rehbraun nannte. Als dieser dritte Larventypus einmal die Aufmerksamkeit auf sich gelenkt hatte, kostete es wenig Mühe auch aus den rehbraunen Stämmen noch eine Anzahl Larven abzusondern, welche unzweifelhaft zu diesem dunkelsten Typus gehörten. Diese Larven bildeten mit den obengenannten das Ausgangsmaterial für die melanistischen Stämme.

Zweifellos ist diese melanistische Form sehr selten; dies beweist wohl die von ARENDSEN HEIN erwähnte Tatsache, daß er unter 4400 Larven, die aus 30 verschiedenen Orten in Süd-, Mittel- und Osteuropa und aus Ost- und Westamerika stammten, keinen einzigen Melanisten fand, (4), S. 126. Für eine mögliche Erklärung dieses seltenen Vorkommens kann ich auf GOLDSCHMIDT (34), S. 154 verweisen, der für die melanistische Form von *Lymantria monacha* L. dasselbe Thema behandelt. Der Prozentsatz, in welchem die melanistischen Käfer in der Natur vorkommen, könnte bei vollkommen freier Paarung nur dann erhöht werden, wenn die Melanisten irgend einen positiven Selektionswert besäßen. Wegen der geringeren Größe und der langsameren Entwicklung der Melanisten (s. S. 28, 29) neige ich aber zur Annahme, daß die Melanisten diesen positiven Selektionswert nicht besitzen und aus diesem Grunde in der Natur immer in geringer Anzahl vorkommen.

Um diese drei Farbentypen bequem andeuten zu können, führte ARENDSEN HEIN verkürzte Bezeichnungen ein, indem er die Anfangsbuchstaben der Farbe nahm, die der betreffende Typus zeigte. Abgesehen davon daß sie mit der Sprache, in welcher die Veröffentlichung erfolgte, wechselten, erhebt sich gegen diese Bezeichnungen das ernstliche Bedenken, daß sie namentlich in genetischen Publikationen den Eindruck einer Erbformel machen, während daran gar nicht gedacht ist.

Untenstehende Tab. 1 gibt ein Bild von der Verwirrung, welche eine derartige Bezeichnung herbeiführen kann.

TAB. 1.

	Bezeichnung in A. H.'s Versuchsprotokollen	Bezeichnung in A. H.'s deutschen Publ.	Bezeichnung in A. H.'s englischen Publ.	Vorgeschlagene neutrale Bezeichnung
1	L O R	O R	O R	orange
2	D K B	R B	C B	gelbbraun
3	K A Z	A S	B A	umbrabraun

Es ist m.E. viel besser die verschiedenen Pigmentierungstypen entweder durch einen neutralen Namen oder durch die Erbformel zu bezeichnen. Ich habe deshalb den Typus, der durch eine orange Larve gekennzeichnet wird, kurz den orangen Typus genannt; die Farbe von Typus 2 aus Tab. 1 wird m.E. besser durch den Namen gelbbraun charakterisiert, daher wird dieser Typus als gelbbrauner Typus angedeutet. Für den Typus, der in obiger Tabelle als Nr 3 angegeben ist, leitete ARENDSEN HEIN den Namen von dem Aussehen des Käfers her, der, wie schon bemerkt, ein Melanist ist. Obwohl die Bezeichnung „Melanist" richtig ist, wird jedoch der dritte Typus der Gleichförmigkeit wegen auch nach der Farbe der Larve genannt; d. h. dieser dritte. Typus wird als umbrabrauner Typus angedeutet.

Dennoch bietet der Name „melanistischer Typus" in einigen Fällen, z.B. bei der Besprechung der Kreuzungsresultate, einige Vorteile; wenn dort von Käfertypen die Rede ist, wird dieser Name dann auch hier und da benutzt werden.

§ 2. *Beschreibung der drei Pigmentierungstypen*

a. Die Larve
Pl. I: 1, 2 und 3

Wenn man die Larven, welche zu den drei Haupttypen gehören, nebeneinander von der Dorsalseite betrachtet, fallen die Farbenunterschiede sofort auf. Als Ganzes betrachtet, ist die orange Form die hellste, dann folgt die gelbbraune und schließlich die umbrabraune Pl. I: 1, 2 und 3.

Ein charakteristischer Zug, der den umbrabraunen Typus scharf von den beiden andern unterscheidet, ist das Fehlen eines roten Tones. welcher für die orange und die gelbbraune Form gerade so typisch ist. Die Farbe der umbrabraunen Form ist dunkler, aber vor allem grauer, weniger „frisch" als die der beiden andern Typen. Dieser Unterschied tritt besonders deutlich hervor, wenn man die Larven der drei Farbentypen während ihrer Ausfärbung nach einer Häutung vergleicht. Man sieht dann, daß die umbrabraune Larve ein Stadium durchläuft, worin das ganze Tier gleichmäßig graubraun gefärbt ist. Dieser graue Ton kommt bei den zwei andern Larventypen nicht vor. Man bekommt einen sehr guten Eindruck von den zwischen den drei Pigmentierungstypen bestehenden Unterschieden, wenn man die Farben der Ventralseiten der Thorakalsegmente miteinander vergleicht. Hier findet man die Farbenunterschiede, die schon bei der Betrachtung der Dorsalseite deutlich auffielen, gewissermaßen vergrößert zurück, da die Ventralfläche der Thorakalsegmente dieselbe Farbe als die Querbänder aufweist, d. h. die allgemeine Farbe der Dorsalseite, nur viel dunkler.

Um die Farbe der obengenannten drei Typen festzulegen, bediente ARENDSEN HEIN sich der Farbentabelle SACCARDO's (67). Die Farbe der orangen Larve als Totaleindruck, liegt etwa zwischen orangegelb Nr 21 und ockergelb Nr 29, die der gelbbraunen (= RB oder CB bei ARENDSEN HEIN) ist annähernd Nr 8, isabellfarbig, während die Farbe der umbrabraunen Larve (= AS oder BA-Larve bei ARENDSEN HEIN) am besten charakterisiert wird durch Nr 9, umbrabraun, (4), S. 132.

Diese Bestimmungen müssen dem Sachverhalt nach ziemlich roh sein, da SACCARDO's Tabelle wenig Farben angibt.

Deshalb wurde bei der Fortsetzung der Arbeit ARENDSEN HEINS die Farbe der Larven mit Hilfe der bekannten BAUMANNschen Farbentonkarte (8) aufs Neue bestimmt. Als typische Teile kamen bei dieser Farbenbestimmung in Betracht:

α die Querbänder im mittleren Teil des Körpers;
β die Mittelstücke der Segmente im mittleren Teil des Körpers;
γ die Dorsalseite des 8. Abdominalsegmentes.

Die Bestimmungen wurden von wenigstens drei Personen unabhängig voneinander an einer möglichst großen Anzahl Larven vorgenommen und ergaben folgendes Resultat:

für die *orange Larve*

Querbänder . . . . . zwischen 482 (7 Oc 2) und 511 (6 CO-Oc 1)
Mittelstücke der Segmente . . . . 539 (4 CO 3)
8. Abdominalsegment dorsal . . . . 458 (7 O-Oc 1).

für die *gelbbraune Larve*

Querbänder . . . . 439 (9 O 4)
Mittelstücke 576 (5 Co-CO3)
8. Abdominalsegment dorsal . . . . 411. (10 O-Or 4)

für die *umbrabraune Larve*

Querbänder 464 (9 O-Oc3)
Mittelstücke . . . . zwischen 577 und 579 (7 Co-Co 3 und 6 Co-Co 4)
8. Abdominalsegment dorsal . . . . 395 (11 Or 5) jedoch etwas mehr rot

Obgleich diese Farbenunterschiede nicht groß sind, ermöglichen sie meistenteils eine scharfe Scheidung zwischen den drei Typen (für zweifelhafte Fälle s. S. 26).

Bei der Feststellung der Farbe einer Larve muß man immer mit der Tatsache rechnen, daß diese Farbe sich während des Larvenlebens durch verschiedene Ursachen ändert. Eine derselben ist, daß die Larve sich einige Male häutet; für die Zahl der Häutungen s. ARENDSEN HEIN (1), S. 199. Kurz vor einer Häutung sitzt die Larvenhaut locker und in Falten um den Körper; das Tier weist eine viel dunklere Farbe auf als in normalem Zustand. Gleich nach der Häutung ist die Larve, mit Ausnahme der Spitzen von Kiefern und Krallen, ganz weiß, während das Farbenmuster in der abgeworfenen Larvenhaut vollkommen scharf wahrnehmbar ist. Die Farbe der *Tenebrio*-Larve wird nur durch kutikuläre Pigmente verursacht. Diese Tatsache wurde bereits im Jahre 1904 von PLOTNIKOW (57) an Durchschnitten festgestellt.

Die anfangs ganz weiße Larve durchläuft nach jeder Häutung einen Ausfärbungsprozeß, der sich in ± 48 Stunden vollzieht. GORTNER (36), S. 367 gibt an, daß die Larve nach 8-12 Stunden ganz ausgefärbt sei. Eine derartig schnelle Ausfärbung habe ich niemals wahrgenommen. Während dieses Ausfärbungsprozesses wird das Integument allmählich dunkler, bis die definitive Farbe erreicht ist; diese Farbe bleibt während dieses Instars konstant. Es ist selbstverständlich, daß man für die Feststellung der Larvenfarbe keine Individuen gebrauchen darf, die sich eben gehäutet haben. Nicht nur während des Ausfärbungsprozesses nach einer Häutung, sondern auch mit dem Alter der Larven ändert sich die Körperfarbe; d.h. in jedem folgenden Instar wird nach der Ausfärbung eine dunklere Farbe erreicht als im vorhergehenden. So ist z.B. die eben ausgeschlüpfte Larve noch ganz weiß und bleibt dies bis zur ersten Häutung; erst nach der ersten Häutung nimmt der ganze Körper eine gleichmäßige orange Färbung an. Ich teile hier nur Einzelheiten des orangen Typus mit; die der beiden andern Typen weichen nicht wesentlich davon ab. Erst nach einigen Häutungen fangen die Querbänder und die anderen Zentren intensiver Pigmentation (8. und 9. Abdominalsegment u.s.w.) an sich abzuheben. Wenn die Larve nahezu halb ausgewachsen ist, d.h. nach ± 6 Häutungen, ändert sich die Farbe nicht mehr von einem Instar zum andern. Von diesem Stadium an läßt sich also die Larvenfarbe genau feststellen, wenn man dafür sorgt, die Individuen, die im Begriff sind, sich zu häuten oder die sich eben gehäutet haben, von der Beobachtung auszuschliessen. Von den letztgenannten Individuen kann die Farbe später bestimmt werden.

Sogar wenn man diese Vorkehrungen trifft, ist es oft schwer, eine dunkelfarbige Larve des gelbbraunen Typus von einer hellfarbigen, dem umbrabraunen Typus angehörenden, zu unterscheiden, wenn man wenigstens ausschließlich nach der Farbe urteilt. Vergleicht man die beiden Larventypen in Masse miteinander, dann fallen die umbrabraunen Larven sofort auf, indem die braune Farbe einen ganz anderen Ton hat als bei den gelbbraunen Larven. Diese Schwierigkeit ergibt sich nur bei der Unterscheidung des gelbbraunen von dem umbrabraunen Typus; der Farbenunterschied zwischen orange und gelbbraun und zwischen orange und umbrabraun genügt, um eine scharfe Scheidung zwischen diesen Typen vornehmen zu können.

Glücklicherweise gibt es für jeden der drei Typen auch noch einige andere Merkmale, die in einem zweifelhaften Fall wie der vorliegende doch noch eine scharfe Scheidung ermöglichen.

Diese Merkmale sind:

α die Farbeneinteilung auf der Lateralfläche der Mandibeln und auf den Tarsalkrallen.

β die Farbe des vorletzten Antennengliedes.

Arendsen Hein (4), S. 132, teilt darüber folgendes mit:

„Abgesehen von dem makroskopischen Unterschiede in der Farbe dieser drei Varietäten, zeigen die AS (= umbrabraunen) Larven, mit der Lupe beobachtet (6 mal. Vergr.), noch andere Farbenabweichungen, welche wir jetzt erwähnen wollen. Wenn man den Kopf einer Larve zwischen Daumen und Finger nach sich zu hält und mit der Lupe beobachtet, so übersieht man die laterale Fläche der Kiefer mit ihren spitzen Zähnen. Die Kieferspitzen sind bei allen *Tenebrio*-Arten tief schwarz; die laterale Fläche zeigt aber alle Abstufungen von schwarz bis rotbraun. Sind die Kiefer über ihre ganze Ausdehnung nach der Basis zu schwarz, so ist das eine Eigentümlichkeit, welche allein der AS-*molitor* Larve eigen ist. Dasselbe kann gesagt werden von der schwarzen Farbe des dritten und vierten Gliedes der Antennen, welche bei allen übrigen *Tenebrio*-Arten eine verschiedene Nuancierung von rotbraun zeigen".

Weiter auf S. 133:

„Außerdem sind die Krallen der drei Beinpaare bei den AS-Larven fast ganz schwarz; bei den übrigen Varietäten und Arten sind allein die Endspitzen der Krallen schwarz, der übrige Teil zeigt verschiedene Abstufungen von rotbraun".

.... und schließlich auf S. 133:

„Durch die schwarze Farbe der ganzen Kiefer, des dritten und vierten Antennagliedes, der ganzen Krallen, und durch die dunkle, nicht rotbraune Farbe der ventralen Fläche der thorakalen Segmente ist die AS-Larve sehr scharf von allen übrigen zu unterscheiden".

Diese Angaben Arendsen Heins wurden von mir an einer großen Anzahl Larven kontrolliert und vollkommen richtig befunden.

Fig. 8 gibt die Farbenverteilung auf den Krallen der drei Typen an. In dieser halbschematischen Figur sind die schwarz gefärbten Teile der Kralle schwarz angegeben. Die in der Figur weißen Teile zeigen verschiedene Abstufungen von braun.

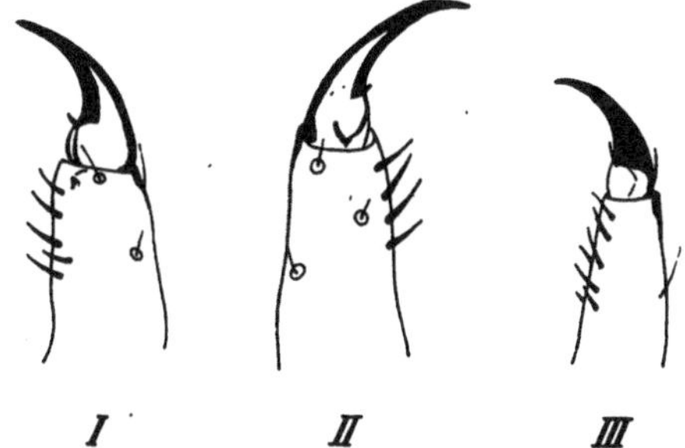

Fig. 8. Tarsalkrallen der drei Larventypen. I orange-, II gelbbrauner-, III umbrabrauner Typus. V = 16 ×.

Berücksichtigt man diese leicht wahrnehmbaren Merkmale von Kiefern und Krallen neben der allgemeinen Körperfarbe, so ist es immer möglich eine scharfe Scheidung zwischen den Farbentypen vorzunehmen.

b. Die Puppe
Pl. I: 4, 5 und 6

Zwischen den aus jedem der obenbeschriebenen Larventypen hervorgegangenen Puppen findet man bezüglich der allgemeinen Farbe dieselben Unterschiede als bei den Larven. Arendsen Hein erwähnt diese Farbenunterschiede nicht. Sie sind bei der Puppe weniger deutlich, weil diese eine hellere und weniger frische Farbe haben als die Larven.

Bei der Puppe des orangen Typus, Pl. I, 4, ist die Dorsalseite der Abdominalsegmente sehr hell orangenfarbig; bei der des gelbbraunen

Larventypus ist dieser Teil des Körpers etwas dunkler und mehr braun gefärbt, während die Puppe der umbrabraunen Larve, Pl. I, 5, dieselbe graubraune Färbung aufweist als die Larve, nur viel heller.

Die Querbänder haben bei jeder der drei Formen dieselbe Farbe als die Dorsalseite des Abdomens, nur daß sie viel dunkler sind.

Auch die Teile, welche keine dunkle Pigmentierung aufweisen, d.h. die ganze Ventralseite, zeigen bei der Puppe des umbrabraunen Typus charakteristische Unterschiede mit derjenigen der beiden andern Typen. Beim erstgenannten Typus ist die Ventralseite weiß, während sie bei den beiden andern elfenbeinweiß ist.

Ein wichtiges Merkmal, welches die Puppe des umbrabraunen Typus scharf von derjenigen der beiden andern Typen unterscheidet, liegt m.E. in der Farbe der Ränder der flügelartigen Segmentverbreiterungen (s. S. 16) und in der Farbe der terminalen Abdominalstacheln. Diese Teile sind beim erstgenannten Puppentypus kohlschwarz, Pl. I, 5; bei den beiden andern Typen schokoladenbraun, Pl. I, 4. Insbesondere dieses letzte Merkmal ermöglicht es, in einer Mischung den umbrabraunen Typus leicht von den beiden andern Typen zu trennen.

c. Der Käfer

Wie Arendsen Hein bereits angab (2), S. 249, (4), S. 123, liefern die orangen sowie die gelbbraunen Larven Käfer, welche keine phänotypischen Unterschiede aufweisen. Wenn sie völlig ausgefärbt sind, zeigen sie an der Dorsalseite eine dunkel braunschwarze Farbe, während die Ventralseite und die Extremitäten rotbraun sind.

Der dem umbrabraunen Larventypus entsprechende Käfertypus ist an der Dorsalseite kohlschwarz, während auch diejenigen Teile, welche bei den andern Käfern rotbraun sind, s. S. 18, hier ebenfalls eine kohlschwarze Farbe aufweisen. Mit Recht darf man hier also von einer melanistischen Form reden.

Melanismus ist bei den *Coleopteren* eine nicht gerade häufig auftretende Erscheinung. Oudemans (54) erwähnt 14 Spezies, bei welchen diese Erscheinung wahrgenommen worden ist; *Tenebrio* kommt darunter nicht vor. Born (16) beschreibt eine melanistische Form von *Carabus auronitens*. Die melanistischen Käfer von *Tenebrio molitor* L. sind immer kleiner und langsamer in ihrer Entwicklung als die nicht-melanistischen. Diese Tatsache widerspricht der Angabe von BOWATER (17, S. 300, 308) und GOLDSCHMIDT (34, S. 158), daß melanistische Schmetterlinge eine kräftigere Konstitution und eine schnellere Entwicklung haben als die nicht-melanistischen.

So auffallend die Unterschiede zwischen diesen zwei Käfertypen in ausgefärbtem Zustand auch sein mögen, während des Ausfärbungsprozesses des jungen, eben ausgeschlüpften Käfers treten sie noch viel deutlicher hervor.

Die Teile des Chitinpanzers welche bei dem eben ausgeschlüpften Käfer des orangen oder des gelbbraunen Typus rotbraun sind, ARENDSEN HEIN (2), S. 250 und (4), S. 123, zeigen beim melanistischen Käfer eine tiefschwarze Farbe.

Werden eben ausgeschlüpfte Käfer des orangen oder gelbbraunen Typus während 3—5 Stunden bei 27° C. gehalten, so zeigt der ganze Körper eine ziemlich gleichmäßige orange- bis rotbraune Farbe. Diese gleichmäßige rotbraune Farbe kommt bei dem ausfärbenden melanistischen Käfer nicht vor; dieser zeigt 3- 5 Stunden nach dem Ausschlüpfen eine gleichmäßige kaffeebraune bis rußbraune Farbe, die nach kurzer Zeit (± 24 Stunden) in kohlschwarz übergeht.

Ein Merkmal, das wie ich feststellen konnte, nicht nur sehr wichtig ist für die Unterscheidung der zwei Käfertypen voneinander, sondern auch von ihren Bastarden, liegt in der Farbe des Tergits des 7. Abdominalsegmentes, des sogenannten Pygidiums. Dieser Teil des Körpers ist bei dem melanistischen Käfer dunkel kaffeebraun oder fast schwarz; dasselbe gilt für das Tergit und das Sternit des 8. Abdominalsegmentes (d.h. die Chitinplatten, welche die äußern Geschlechtsorgane dorsal und ventral bedecken, s. S. 18).

Bei den nicht-melanistischen Käfern haben diese Körperteile immer eine orange- bis rotbraune Farbe.

Durch dies einfache Merkmal kann man stets, auch wenn man den Ausfärbungsprozeß nicht hat beobachten können, die beiden Käfertypen und ihre Bastarde voneinander unterscheiden.

Für eine bequeme Übersicht werden die besprochenen Unterschiede der drei Farbentypen nachstehend tabellarisch zusammengefaßt.

TAB. 2. UNTERSCHIEDE DER DREI FARBENTYPEN

Larve

Bezeichnung des Farbentypus	Allgemeine Farbe	Farbe der Ventralfläche des Thorax	3. Antennenglied	Kiefer und Krallen	
				Spitze	Basaler Teil
orange	gelborange	dunkel orange	dunkel orange	schwarz	rotbraun
gelbbraun	gelbbraun	dunkel gelbbraun	dunkel gelbbraun	schwarz	rotbraun
umbrabraun	umbrabraun	fast schwarz	schwarz oder fast schwarz	schwarz	schwarz

	Puppe		Imago		
Bezeichnung des Farbentypus	Allgem. Farbe	Farbe der Ränder der Segmentflügel	Farbe der Dorsalseite	Farbe der Ventralseite des Abdomens u.d. Extrem.	segm. 5. u. 6. Abd. Tergits des Farbe des
orange	hell gelborange	schokoladenbraun	braunschwarz	rotbraun	rotbraun
gelbbraun	hell gelbbraun	schokoladenbraun	braunschwarz	rotbraun	rotbraun
umbrabraun	hell graubraun	schwarz	kohlschwarz	kohlschwarz	fast schwarz

Im Jahre 1923 veröffentlichte ARENDSEN HEIN, (4), S. 124-126, die vorläufigen Resultate der Kreuzungen zwischen den obenbeschriebenen Pigmentierungstypen. Er führte in dieser Veröffentlichung nur die in der F_2 auftretenden Zahlenverhältnisse an, während er die ausführlichen Daten für eine mehr speziell genetische Arbeit reservierte. Dieses Vorhaben hat er nicht ausführen können; in dem in der Einleitung (s. S.) erwähnten Konzeptmanuskript sind die Resultate der einzelnen Kreuzungen zusammengefaßt. Daraus und aus seinen nachgelassenen Versuchsprotokollen entnehme ich mehrere Einzelheiten, welche durch eigene Beobachtungen ergänzt werden. Da die Unterschiede zwischen den drei Farbentypen am deutlichsten an den Larven wahrzunehmen sind, liegt es nahe die an den Larven festgestellten Spaltungen zuerst zu besprechen. Anschließend daran werde ich, soweit möglich, dieselben Spaltungen, an Puppen und Imagines beobachtet, behandeln. Der Reihe nach werden die Kreuzungen besprochen werden zwischen:

a. orangem- und gelbbraunem Typus.
b. gelbbraunem und umbrabraunem Typus.
c. orangem und umbrabraunem Typus.

§ 3. *Kreuzungsresultate*

a. Die Kreuzungen zwischen orangem und gelbbraunem Typus

Bei der Beschreibung der Farbentypen wurde schon darauf hingewiesen, daß die Käfer des orange- und des gelbbraunen Typus phänotypisch keine Unterschiede aufweisen. Auch die Unterschiede zwischen den Puppen dieser beiden Farbentypen sind äußerst gering (s. S. 27 und 28). Aus diesem Grunde konnte bei den obengenannten Kreuzungen die Spaltung in der F_2 nur an den Larven festgestellt werden.

Der orange Typus dominiert unvollkommen über den gelbbraunen. ARENDSEN HEIN erwähnte dieses schon im Jahre 1923 (4), S. 124. Es zeigte sich mir, daß die Bastardlarven, in Masse mit den beiden Elternformen verglichen, etwas dunkler gefärbt und etwas mehr braun sind als die rein-orangen Larven, jedoch bedeutend heller und viel weniger braun als die Larven der gelbbraunen Elternform. Auch zeigen die Abdominalsegmente 8 und 9 an ihrer Dorsalseite eine viel dunklere Farbe als die der rein-orangen Larven. Wenn man jede Larve einzeln beurteilt ist es nicht möglich eine scharfe Scheidung zwischen den orange- und den Bastardlarven zu machen; wohl kann man auf diese Weise rein gelbbraune Larven und Bastarde voneinander unterscheiden. Daß diese Scheidung wohl scharf ist, jene nicht, beweist folgendes Experiment:

In der F_2 einer Kreuzung zwischen dem orange und dem gelbbraunen Typus wurden die Larven in orange + Bastarde einerseits und rein gelbbraune andererseits geschieden. Beide Gruppen wurden getrennt aufgezogen. Die erste Gruppe, orange + Bastarde, wurde nochmals genau kontrolliert und alle Larven, welche nicht rein-orange aussahen, wurden entfernt. So blieb schließlich eine Anzahl anscheinend rein-orange Larven übrig; die Käfer derselben wurden untereinander gepaart und erzeugten eine Nachkommenschaft, die aus 244 Larven bestand. Wider alles Erwarten befanden sich unter diesen noch 11 ausgesprochen gelbbraune Larven.

Die Käfer der gelbbraunen Larven, welche in der F_2 isoliert waren, wurden gleichfalls untereinander gepaart; die 160 Nachkommen derselben waren als Larven alle rein gelbbraun. Dieses Beispiel könnte um viele andere vermehrt werden.

Ein derartiges Resultat lehrt wohl, daß es verlorene Mühe wäre zu versuchen in der F_2 die beiden Elternformen und ihre Bastarde als drei Gruppen zu unterscheiden. Daher werden bei der Zusammenfassung der Kreuzungsresultate immer die gelbbraunen Larven den orangen + Bastarden gegenübergestellt.

In Tab. 3 [1]) sind die Resultate der F_2-Analysen zusammengefaßt.

TAB. 3. F_2 DER KREUZUNGEN ORANGE × GELBBRAUN

Versuchs-nummer	Elternformen	F_2-Larven		
		orange + intermed.	gelb-braun	Gesamt-zahl
*Kr 15	♀ gelbbraun × ♂ orange	114	41	155
*Kr 26	„ „ „ „ „	15	3	18
*Kr 28	„ „ „ „ „	94	26	120
*Kr 30	„ „ „ „ „	74	15	89
Kr 140	„ „ „ „ „	76	30	106
*TL	„ „ „ „ „	112	30	142
*BL 162	„ „ „ „ „	91	25	116
*BL 165	„ „ „ „ „	24	9	33
*BL 217	„ „ „ „ „	95	44	139
*BL 220Dp	„ „ „ „ „	72	21	93
*BL 246	„ „ „ „ „	351	82	433
*Kr 8	♀ orange × ♂ gelbbraun	352	119	471
*Kr 16	„ „ „ „ „	59	14	73
*Kr 27	„ „ „ „ „	20	8	28
*Kr 29	„ „ „ „ „	134	24	158
*Kr 73	„ „ „ „ „	44	17	61
*Kr 80	„ „ „ „ „	122	48	170
*BL 159	„ „ „ „ „	5	3	8
*BL 168	„ „ „ „ „	47	14	61
*BL 257	„ „ „ „ „	112	32	144
	Summe	2013	605	2618
	Theor. 3 : 1 berechnet für n = 2618	1963,5	654,5	

m = 22,15 D/m = 2,23

Aus diesen Angaben geht zur Genüge hervor, daß der Unterschied in erblicher Zusammensetzung zwischen dem orange- und dem gelbbraunen Typus von einem einzigen Erbfaktor bedingt wird.

Auch die Rückkreuzungen, deren Ergebnisse in Tab. 4 zusammengefaßt sind, weisen auf eine monofaktorielle Spaltung hin.

Für die Symbolen, welche man auf Grund dieser Spaltungen annehmen kann, muß ich auf S. 42 verweisen.

b. Die Kreuzungen zwischen dem gelbbraunen und dem umbrabraunen Typus

Bei der allgemeinen Beschreibung der verschiedenen Pigmentie-

[1]) In dieser und in allen folgenden Tabellen sind die aus ARENDSEN HEINS Versuchsprotokollen entnommenen Angaben mit einem * bezeichnet.

TAB. 4. RÜCKKREUZUNGEN (ORANGE ∾ GELBBRAUN) ∾ GELBBRAUN

Versuchsnummer	Larven		
	gelbbraun	intermed.	Gesamtzahl
*Kr 17	34	36	70
*Kr 18	26	32	58
Kr 184	51	50	101
Kr 185	50	52	102
Summe	161	170	331
Theor. 1 : 1 für n = 331	165,5	165,5	m̃ = 9,10 D/m = 0,49

rungstypen wurde bereits bemerkt, daß, wenn man ausschließlich nach der Farbe urteilt, der Unterschied zwischen gelbbrauner und umbrabrauner Larve nicht groß ist, wenn man wenigstens jedes Individuum einzeln betrachtet. Bei Vergleichung in Masse fällt der Unterschied zwischen gelbbraunen und umbrabraunen Larven sofort auf (s. S. 26).

Aus den Kreuzungen ergibt sich, daß die dunkle Farbe des umbrabraunen Typus vollkommen dominiert. Die Bastardlarven sind ebenso dunkel oder oft sogar dunkler als die der umbrabraunen Elternform.

Hinsichtlich der auf S. 26 erwähnten Merkmale von Kiefern, Krallen und Antennen ist der Bastard intermediär. ARENDSEN HEIN teilte diese Tatsachen schon im Jahre 1923 mit (4), S. 124 und S. 132; ich habe sie vollkommen bestätigen können. Dieser Umstand macht es unmöglich in der F_2 einer Kreuzung, wo man die Larven vom Typus der beiden Elternformen und Bastarde in einer Mischung beisammen hat, die drei Formen voneinander zu unterscheiden, wenn man dabei wenigstens ausschließlich nach der Farbe urteilt. Mit Hilfe obengenannter Merkmale der Kiefer und Krallen ist die F_2-Analyse auch bei der Larve möglich (s. S. 26). Die Bastardpuppe wurde von ARENDSEN HEIN nicht beschrieben. Es fiel mir auf, daß auch im Puppenstadium der umbrabraune Typus mehr oder weniger dominiert. Die allgemeine Farbe aber ist am besten als intermediär zu bezeichnen. Der für die melanistische Elternform typische graue Ton ist deutlich vorhanden. Die Querbänder heben sich bei dem Bastard deutlicher ab als sogar bei der Puppe der melanistischen Elternform.

Was die Farbe am Rande der lateralen Segmentverbreiterungen betrifft, ist der Bastard rein intermediär, an diesem Merkmal kann man die Bastardpuppe am bequemsten von derjenigen der melanistischen Elternform unterscheiden; es ist mir aber bisher nicht gelungen, eine scharfe Scheidung zwischen Bastardpuppen und gelbbraunen Puppen vorzunehmen.

Bei oberflächlicher Betrachtung scheint es, als ob der Bastardkäfer nicht von der melanistischen Elternform zu unterscheiden wäre. An der Dorsalseite zeigt er eine schwarze Farbe, die sich fast nicht von der für den melanistischen Käfer so typischen tiefschwarzen Farbe unterscheidet. Gegen einen schwarzen Hintergrund spielt die Farbe des Bastardkäfers zwar ein wenig ins Rötliche, aber dieser Unterschied von dem melanistischen Käfer ist zu gering um als Unterscheidungsmerkmal dienen zu können. Man darf also mit Recht von einer Dominanz des melanistischen Käfertypus reden.

Eine genaue Betrachtung lehrt aber, daß einige charakteristische Unterschiede zwischen dem melanistischen Käfer und dem Bastard bestehen, welche eine vollkommen scharfe Scheidung zwischen diesen beiden Formen ermöglichen. Hierdurch kann man in der F_2 einer Kreuzung die beiden Elternformen und ihre Bastarde als drei Gruppen nebeneinander stellen.

Die betreffenden Unterschiede sind folgende. Wie auf S. 28 schon bemerkt wurde, zeigen sowohl die Käfer des orangen als die des gelbbraunen Typus eine deutliche rotbraune Farbe an ihrer Ventralseite und in ihren Extremitäten. Diese Körperteile sind dagegen bei der melanistischen Form tiefschwarz. Es ergibt sich nun, daß der Bastard zwischen melanistischen und nicht-melanistischen Käfern (zu den letzteren werden sowohl die Käfer der orangen Larven als die der gelbbraunen Larve gerechnet) an den distalen Rändern der Sternite der Abdominalsegmente eine Spur rotbraun enthält; auch weisen die distalen Glieder der Extremitäten eine deutliche rotbraune Färbung auf.

Ein Merkmal, das ARENDSEN HEIN nicht beachtet hat, das aber wie ich festellen konnte, für die Unterscheidung der Bastardkäfer von ihrer melanistischen Elternform von großer Wichtigkeit ist, liegt in der Farbe am distalen Rande des Tergits des 7. und 8. Abdominalsegmentes. Diese Farbe ist, wie auf S. 29 bemerkt wurde, bei dem melanistischen Käfer dunkel kaffeebraun oder fast schwarz, während sie bei dem nicht-melanistischen Käfer rotbraun ist. Bei dem Bastardkäfer dagegen zeigt dieser distale Rand der Tergite des 7. und 8. Abdominalsegmentes eine intermediäre Farbe, worin der rotbraune Ton, der der melanistischen Elternform gänzlich abgeht, deutlich wahrnehmbar ist.

Auch die Farbenabstufungen, die der junge Bastardkäfer während seines Ausfärbungsprozesses durchläuft, sind anders als bei dem melanistischen Käfer. Letzterer durchläuft bei seiner Ausfärbung nie ein Stadium, in welchem der ganze Käfer gleichmäßig orangebraun gefärbt ist (s. S. 29). Der Bastardkäfer durchläuft dieses Stadium wohl, obwohl diese Farbe hier im Gegensatz zu dem braunschwarzen Käfer doch deutlich einen Stich ins Graue zeigt.

All diese Merkmale ermöglichen in der F_2 einer Kreuzung eine Unterscheidung zwischen dem Bastard und seinen beiden Elternformen.

Untenstehende Tab. 5 gibt in Kürze den Phaenotypus des Bastards zwischen dem gelbbraunen und dem umbrabraunen Typus, bzw. als Larve, Puppe und Imago an.

TAB. 5. F_1-INDIVIDUUM DER KREUZUNG GELBBRAUN ∾ UMBRABRAUN, BEOBACHTET ALS:

Larve	Puppe	Imago
Farbe wie die der umbrabraunen Form oder dunkler. Kiefer, Antennen und Krallen intermediär.	Intermediär, Querbänder sich stärker abhebend als bei den Eltern.	Fast wie die der melanistischen Elternform. Am distalen Teil von Abdomen und Extremitäten eine Spur rotbraun.

Zweifellos läßt sich die Analyse der F_2 am bequemsten an den Käfern vornehmen, aber dennoch ist die Spaltung auch sehr gut an den F_2-Larven festzustellen, falls man die Farbe der Kiefer und Krallen zur Richtschnur nimmt.

Das Ergebnis einer derartigen in ARENDSEN HEINS nachgelassenen Versuchsprotokollen vorkommenden Analyse war:

8 Larven mit Kiefern und Krallen, die nur an der Spitze kohlschwarz waren; der basale Teil der Kiefer und Krallen war rotbraun.

37 Larven mit Kiefern und Krallen, die an der Spitze kohlschwarz, im basalen Teil dunkel rotbraun waren.

14 Larven mit ganz kohlschwarzen Kiefern und Krallen.

Die drei Larvengruppen wurden getrennt aufgezogen. Die obengenannten 8 Larven ergaben 7 Käfer, die alle zum nicht-melanistischen Typus gehörten, d.h. ihre Farbe war braunschwarz. Die 37 Larven mit Kiefern und Krallen, die an der Spitze kohlschwarz, im basalen Teil dunkel rotbraun waren, ergaben 35 Käfer, die dem auf S. 29 und 30 beschriebenen Bastardtypus angehörten.

Die 14 Larven mit ganz kohlschwarzen Kiefern und Krallen ergaben 13 rein melanistische Käfer.

Bei meinen eigenen Untersuchungen kam ich zu entsprechenden Resultaten. Gefunden wurde 55 Larven mit ganz schwarzen Kiefern und Krallen, und 129 Larven mit nur ander Spitze schwarzen Kiefern und Krallen.

Die Larven, welche Kiefer und Krallen hatten die an der Spitze kohlschwarz, im basalen Teil rotbraun waren, zeigten alle eine bedeutend hellere Farbe als die andern Larven. Die Käfer von jeder

TAB. 6. F_2 DER KREUZUNGEN GELBBRAUN ∾ UMBRABRAUN

Versuchs-nummer	F_2-Käfer				
	melan-istisch	inter-mediär	melan. + intermed.	braun-schwarz	Gesamt-zahl
*BL 81	9	26	35	15	50
*BL 82	13	20	33	17	50
*BL 83	12	31	43	7	50
*BL $^{81}/_{84}$ Bt	25	49	74	24	98
*BL 114	8	33	41	16	57
Summe	67	159	226	79	305
			228,75	76,25	

Theor. 3 : 1 für n = 305 m = 7,56 D/m = 0,36

dieser drei Larvengruppen waren zu der Zeit, wo das Manuskript in Druck gegeben wurde, noch nicht ausgeschlüpft.

Oben wurde schon bemerkt, daß die Spaltung in der F_2 an den Käfern ohne große Mühe festzustellen war.

Tab. 6 gibt eine Übersicht der in der F_2 auftretenden Zahlenverhältnisse.

Einige Rückkreuzungen zwischen F_1-Individuen der obenbesprochenen Kreuzungen und der rezessiven Elternform (des gelbbraunen Typus also) wurden vorgenommen. Das hierbei auftretende 1 : 1 Verhältnis (s. Tab. 7) entspricht völlig den Schlüssen welche man aus Tab. 6 ziehen kann.

TAB. 7. RÜCKKREUZUNGEN (GELBBRAUN ∾ UMBRABRAUN) ∾ GELBBRAUN

Versuchsnummer	Käfer		
	braunschwarz	intermediär	Gesamtzahl
*BL 84	19	27	46
*BL 86	36	28	64
Summe	55	55	110
Theor. 1 : 1 für n = 110	55	55	

Aus diesen Angaben geht jedenfalls hervor, daß der Unterschied in erblicher Zusammensetzung zwischen dem melanistischen und dem nicht-melanistischen Käfer des gelbbraunen Typus von einem Erbfaktor bedingt wird. Die Frage, ob man diesem Erbfaktor eine pleiotrope Wirkung zuschreiben darf, d.h. ob man ihn auch für den genotypischen Unterschied zwischen dem umbrabraunen und dem gelbbraunen Larventypus verantwortlich machen darf, wird bei der Besprechung der Kreuzungsresultate zwischen orange und umbrabraun behandelt werden. Schließlich sei hier noch bemerkt, daß das erbliche Verhalten des Melanismus bei *Tenebrio molitor* eine völlige Übereinstimmung zeigt mit dem von BOWATER (17) und GOLDSCHMIDT (34) bei Schmetterlingen analysierten.

c. Kreuzungen zwischen dem orangen und dem umbrabraunen Typus

In Bezug auf die Körperfarbe der F_1-Larven teilt ARENDSEN HEIN folgendes mit (4, S. 124): „Bei den Bastardlarven prädominiert die OR-Farbe mehr oder weniger". Diese Mitteilung ist m.E. vollkommen richtig; die Farbe der Bastardlarve weicht so wenig von der des orange Typus ab, daß man auf Grund dieses geringen Unterschiedes keine scharfe Scheidung zwischen diesen zwei Formen vornehmen kann. Ein Unterschied liegt vor in der Farbe des 8. und 9. Abdominalsegmentes, die bei dem Bastard sehr dunkel, manchmal fast schwarz sind. Daher darf man hier mit Recht von fast vollkommener Dominanz des orangen Typus reden.

In Bezug auf die auf S. 26 genannten Merkmale von Kiefern, Krallen und Antennen ist der Bastard intermediär. Weil die Bastardlarven schwer von den rein orangen Larven zu unterscheiden sind (man vgl. auch S. 31) werden bei der Analyse der F_2 die rein orangen Larven und die Bastarde zusammengenommen und als Gruppe den umbrabraunen Larven gegenübergestellt. Diese Scheidung ist scharf durchzuführen.

Die Bastardpuppe, Pl. I, 4, weist kaum Unterschiede von der orangen Puppe auf. Die allgemeine Farbe ist fast dieselbe als bei dieser, nur daß die Querbänder sich bei dem Bastard etwas mehr abheben. Die Ränder der lateralen Segmentverbreiterungen und die Spitzen der Stacheln auf dem 9. Abdominalsegment sind schokoladenbraun, ebenso wie bei der orange Puppe. Sowohl durch ihre allgemeine Farbe als durch die Farbe der Ränder der lateralen Segmentverbreiterungen ist die Bastardpuppe scharf von der umbrabraunen zu unterscheiden.

Die in diesen Kreuzungen auftretenden Bastardkäfer weichen in keiner Hinsicht von denjenigen aus den Kreuzungen zwischen dem gelbbraunen und dem umbrabraunen Typus ab. Für die Beschreibung dieses Bastards kann also auf das dort Mitgeteilte (S. 34) verwiesen werden.

Für eine bequemere Übersicht ist in Tab. 8. die äußere Erscheinung des, bzw. als Larve, Puppe und Imago beobachteten Bastards, kurz angegeben.

TAB. 8. F_1-INDIVIDUUM DER KREUZUNG ORANGE ∾ UMBRABRAUN ALS:

Larve	Puppe	Imago
Farbe: Nahezu dieselbe wie die der orangen Form. Kiefer, Krallen und Antennen intermediär.	Wie die orange Puppe.	Fast wie der melanistische Elterntypus. Eine Spur rotbraun am distalen Teil von Abdomen und Extremitäten.

Eine große Anzahl Kreuzungen zwischen dem orangen und dem umbrabraunen Typus wurden in den Jahren 1920—1925 von ARENDSEN HEIN vorgenommen.

Tab. 9 gibt eine Zusammenfassung der Resultate, die zum Teil aus den von ARENDSEN HEIN nachgelassenen Versuchsprotokollen, zum Teil auch von den nachher von mir vorgenommenen Kreuzungen herrühren.

Die F_2-Spaltungen wurden sowohl an den Larven als an den Imagines beobachtet; in beiden Fällen muß man auf eine einfache monohybride Spaltung schließen. In dieser Tabelle sind von den Käfern die Melanisten + die Bastarde zusammengenommen und den braunschwarzen Käfern gegenübergestellt. Ich habe dies getan, weil sich aus Experimenten wie auf S. 31, ergeben hat, daß die Scheidung zwischen Melanisten und Bastarden nicht vollkommen scharf durchzuführen ist.

Tab. 10 gibt die Zusammensetzung der Rückkreuzungs-F_2 an; die darin auftretende 1 : 1 Spaltung entspricht vollkommen den aus Tab. 9 gezogenen Schlußfolgerungen.

Im Vergleich mit den in Tab. 3 S. 32 und Tab. 6. S. 36 zusammengefaßten Resultaten, zeigt die Spaltung in der F_2 der Kreuzung orange ∾ umbrabraun eine weniger genaue Übereinstimmung mit dem theoretischen 3 : 1 Verhältnis. Obgleich D/m hier < 3 ist, fällt es doch auf, daß sich bei der an den F_2-Käfern festgestellten Spaltung, zu wenig melanistische Käfer finden.

TAB. 9. F_2-GENERATIONEN DER KREUZUNG ORANGE ∾ UMBRABRAUN

Versuchs-nummer	Typus der Eltern	F_2-Larven			F_2-Käfer				
		orange + Bastarde	umbra braun	Gesamt-zahl	Melanisten	Bastarde	Mel. + Bastarde	braun schwarz	Gesamt-zahl
*BL 129	♀orange × ♂ umbrabraun	72	18	90	15	39	54	33	87
*BL 129 Dp	„ „ „ „ „	91	51	142	22	48	70	15	85
*BL 130	„ „ „ „ „	98	36	134	32	58	90	18	108
*BL 130 Dp	„ „ „ „ „	163	43	206	28	94	122	23	145
*BL 146	„ „ „ „ „	23	13	36	9	15	24	7	31
*BL 146 Dp	„ „ „ „ „	56	17	73	15	32	47	14	61
*BL 166 Dp	„ „ „ „ „	83	26	109	15	42	57	23	80
*BL 180	„ „ „ „ „	106	28	134	14	36	50	39	89
*Kr 33	„ „ „ „ „	140	49	189	34	50	84	27	111
Kr 176	„ „ „ „ „	177	60	237	—	—	—	—	—
*BL 125	♀umbrabraun × ♂orange	59	21	80	19	30	49	22	71
*BL 125 Dp	„ „ „ „ „	72	27	99	17	31	48	17	65
*BL 126	„ „ „ „ „	85	22	107	16	46	62	25	87
*BL 126 Dp	„ „ „ „ „	92	51	143	26	49	75	11	86
*BL 127	„ „ „ „ „	96	24	120	14	37	51	42	93
*BL 155	„ „ „ „ „	52	15	67	12	32	44	10	54
*BL 155 Dp	„ „ „ „ „	102	30	132	15	42	57	15	72
*BL 157	„ „ „ „ „	79	37	116	27	32	59	25	84
*BL 161	„ „ „ „ „	56	18	74	10	34	44	29	73
*BL 163	„ „ „ „ „	69	26	95	18	38	56	14	70
*Kr 32	„ „ „ „ „	25	5	30	3	14	17	8	25
Kr 156	„ „ „ „ „	51	14	65	—	—	—	—	—
Kr 179	„ „ „ „ „	462	138	600	—	—	—	—	—
	Summe	2309	769	3078	361	799	1160	417	1577
	Theor. 3 : 1	2308,5	769,5				1182,75	394,25	
		m = 24	D/m = 0,02				m = 17,17	Dm = 1,32	

TAB. 10. RÜCKKREUZUNGEN (ORANGE ∾ UMBRABRAUN) ∾ ORANGE

Versuchsnummer	Farbe der Käfer		
	braun-schwarz	intermediär	Gesamtzahl
*BL 131A	19	18	37
*BL 131C Dp	13	19	32
*BL 133	44	27	71
*BL 172	19	14	33
*BL 187	33	23	56
*BL 188	16	14	30
*BL 193	22	18	40
*BL 194	19	15	34
*BL 210	13	21	34
*BL 295	46	45	91
*BL 296	21	25	46
Summe	265	239	504
Theor. 1 : 1 für n = 504	252 m = 11,22	252 D/m=1 ,16	

Ohne diesen Defizit an melanistischen Käfern eine allzugroße Bedeutung beizulegen, ist es doch von Wichtigkeit, auf die mögliche Ursache hinzuweisen.

Die melanistischen Formen entwickeln sich im allgemeinen viel langsamer als die rein orangen Formen oder ihre Bastarde. Dieser Unterschied ist sehr auffallend, wenn man gleichaltrige Larven dieser drei Typen miteinander vergleicht; immer sind die melanistischen Larven kleiner und rückständiger als die obengenannten beiden andern Larventypen.

Diese langsamere Entwicklung der Melanisten zeigt sich auch, wenn man die prozentische Zusammensetzung der ausgeschlüpften F_2-Käfer in verschiedenen Stadien der Schlüpfungsperiode beobachtet. (s. ARENDSEN HEIN (4), S. 124—126). Es stellt sich dann heraus, daß in der ersten Hälfte dieser Periode nur wenig melanistische Käfer ausschlüpfen; weitaus der größte Teil (gut $^2/_3$ der Gesamtzahl) schlüpft während der letzten Hälfte dieser Periode aus. Die nicht-melanistischen Käfer dagegen schlüpfen zum größten Teil während der ersten Hälfte der Schlüpfungsperiode aus.

Weiter muß folgendes berücksichtigt werden. In jeder Kultur kommen Larven vor, deren Verpuppung stark verspätet ist. Es ist gewöhnlich nicht möglich, die Puppen solcher Larven abzuwarten; daher sind die Imagines, welche aus diesen Larven hervorgegangen sein würden, nicht in Tab. 9 und 10 aufgenommen. Im Durchschnitt bilden diese Spätlinge 3,7 % der Gesamtzahl der Larven. Infolge der langsameren Entwicklung der Melanisten ist es zu erwarten, daß unter diesen Nachzüglern eine große Anzahl Melanisten vorkommen werden, deren Käfer nicht verzeichnet werden, sodaß man eine geringere Anzahl melanistischer Käfer erhält, als man mit Rücksicht auf die Zahl der umbrabraunen Larven erwarten könnte.

Werden diese Umstände berücksichtigt, so wird die Zahl der fehlenden melanistischen Käfer vermindert und ist die Übereinstimmung zwischen den ermittelten und den theoretischen Zahlenverhältnissen eine bessere. Auch würde eine eventuelle größere Sterblichkeit unter den Melanisten das Defizit erklären können.

Jede von den drei nach der diallelen Methode möglichen Kreuzungen zwischen den drei Pigmentierungstypen ergab folglich in der F_2 eine 3 : 1 Spaltung, ein Umstand, der nur durch die Annahme eines Systems tripler Allelomorphen zu erklären ist.

Die erbliche Zusammensetzung des orangen Typus bezeichne ich mit dem Symbol A, während die gelbbraunen und die umbrabraunen Typen resp. von den Allelomorphen a_1 und a_2 des obengenannten Faktors A bedingt werden.

Homozygotes orange hat also die Formel $A\ A$, homozygotes gelbbraun $a_1\ a_1$, homozygotes umbrabraun $a_2\ a_2$.

Die Reihenfolge der Dominanz ist $A > a_2 > a_1$.

Arendsen Hein machte bereits im Jahre 1923 hierauf aufmerksam, 4, S. 125; seine Schlußfolgerungen wurden aber m.E. nicht durch genügende Tatsachen gestützt. Denn, beobachtete er die Spaltung in der F_2 der Kreuzung zwischen dem orangen und dem gelbbraunen Typus nur an den Larven, so wurde die der Kreuzung zwischen dem orangen und dem umbrabraunen Typus sowohl an den Larven als an den Käfern festgestellt, während bei der Kreuzung zwischen dem gelbbraunen und dem umbrabraunen Typus die Analyse der F_2 nur an den Imagines vorgenommen wurde. Wenn nun Arendsen Hein in der F_2 von jeder dieser drei Kreuzungen eine 3 : 1 Spaltung findet, so braucht daraus noch durchaus nicht zu folgen, daß diesen drei Pigmentierungstypen ein System tripler Allelomorphe zugrunde liegt, denn damit ist noch nicht bewiesen, daß die Farbe der Larve und die des Käfers beide von dem Vorhandensein oder Fehlen desselben Erbfaktors bedingt werden. Nun ist es aber wohl möglich die F_2-Analyse der Kreuzung zwischen dem gelbbraunen und dem umbrabraunen Typus mit Hilfe der auf S. 26 erwähnten Merkmale von Kiefern, Krallen und Antennen an den Larven vorzunehmen.

Ähnliches wird bei *Drosophila* u.a. für die „sex-linked" Flügelmutante „club" angewandt. Homozygote „club" Individuen werden durch das Fehlen von zwei Haaren auf der Lateralfläche des Thorax gekennzeichnet. Infolge einer starken fluktuierenden Variabilität haben bei weitem nicht alle Fliegen, welche genotypisch „club" sind, abnorme Flügel. Immer sind aber auch diese Individuen durch das Fehlen obengenannter Haare als genotypisch „club" zu erkennen, MORGAN und BRIDGES (51) S. 69. Ein weiteres Beispiel bietet die Mutante „tan"; hier wird die Körperfarbe nach der Antennenfarbe klassifiziert, MORGAN (53), S. 237.

Für *Tenebrio* ließe sich dagegen einwenden, daß die Merkmale von Kiefern, Krallen und Antennen nicht gleicher Art sind als die Farbenmerkmale, welche man bei der Kreuzung zwischen orange und gelbbraun und orange und umbrabraun ins Auge faßt; m.a. W., daß man im ersten Fall nur das erbliche Verhalten des Merkmals „Besitz von Kiefern und Krallen, die nur an der Spitze kohlschwarz sind", beobachtet, während man in den beiden andern Fällen die genetische Analyse der Körperfarbe vornimmt.

Folgende Beweisführung lehrt, daß diese Annahme nicht richtig ist. Wenn das Merkmal „Besitz von Kiefern und Krallen, die nur an der Spitze kohlschwarz sind", bedingt wurde von dem Vorhandensein eines besonderen Erbfaktors, welcher unabhängig von dem für die allgemeine Farbe spaltete, so könnte man zu folgender Auffassung kommen.

Gesetzt man nimmt für die Eigenschaft „Kiefer und Krallen an der Spitze kohlschwarz" einen Erbfaktor Y an, während der Besitz ganz schwarzer Kiefer und Krallen auf dem rezessiven Allelomorph y des obengenannten Erbfaktors beruht. Weiter sei angenommen, daß der orange Larventypus von dem Erbfaktor X bedingt wird. Was betrifft der gelbbraune und der umbrabraune Larventypus — die ja phänotypisch schwer voneinander zu unterscheiden sind, wenn man ausschließlich nach der allgemeinen Farbe urteilt — kann man sich denken, daß sie auf dem rezessiven Allelomorph x des obengenannten Faktors X beruhen.

In diesem Falle würde sich ergeben daß:

1) der Typus mit oranger Körperfarbe und Kiefern und Krallen, die nur an der Spitze kohlschwarz sind mit $XXYY$ zu bezeichnen wäre
2) der Typus mit gelbbrauner Körperfarbe und Kiefern und Krallen, die an der Spitze kohlschwarz sind, mit $xxYY$
3) der Typus mit umbrabrauner Körperfarbe und ganz kohlschwarzen Kiefern und Krallen mit $xxyy$.

Nach dieser Auffassung müssen die F_1-Bastarde zwischen dem orangen und dem gelbbraunen Larventypus die genotypische Konstitution $XxYY$ haben. Diese Bastarde sind also nur heterozygot für den Faktor X; die in der F_2 auftretende 3 : 1 Spaltung wird also dadurch bedingt.

Dagegen hat der F_1-Bastard zwischen dem gelbbraunen und dem umbrabraunen Typus die erbliche Zusammensetzung $XXYy$. Die Spaltung, welche hier in den F_2 auftritt ist eine Folge der Heterozygotie von Y.

Bis soweit ist die im Obigen ausgeführte Vorstellung völlig mit den experimentell erzielten Resultaten in Einklang zu bringen. Sie demonstriert, daß die obengenannten zwei Kreuzungen nicht gleichwertig zu sein brauchen, infolgedessen auch nicht ohne weiteres die Annahme eines Systems multipler Allelomorphen rechtfertigen.

Wendet man aber die genannte Beweisführung auch auf die Kreuzung zwischen orange und umbrabraun an, also auf eine Kreuzung zwischen zwei Typen, die sowohl in der allgemeinen Körperfarbe als in der Farbe der Kiefer deutliche phänotypische Unterschiede aufweisen, so erheben sich ernstliche Bedenken.

Müßte doch nach obengenannter Auffassung ihre Kreuzung eine dihybride sein.

Wenn X und Y vollkommen unabhängig voneinander spalten, so sind in der F_2 als Neukombinationen $XXyy$-und $xxYY$-Individuen zu erwarten, d.h. Larven mit orange Körperfarbe und völlig kohlschwarzen Kiefern und Krallen, resp. Larven mit umbrabrauner Körperfarbe und Kiefern und Krallen, welche nur an der Spitze kohlschwarz sind.

Diese Kombinationen werden niemals angetroffen; immer haben in der F_2, wovon hier die Rede ist, alle Larven mit orange Körperfarbe, Kiefer und Krallen, deren Spitzen kohlschwarz sind, während ganz kohlschwarze Kiefer und Krallen sich auf die Individuen beschränken, deren Körperfarbe umbrabraun ist.

Aus dieser Tatsache darf man den Schluß ziehen, daß bei dem orangen und dem umbrabraunen Larventypus die Körperfarbe und die Farbe der Kiefer und Krallen sich immer zusammen vererben. Ob man sich diese Korrelation nun denkt als eine Koppelung zwischen den Faktoren X und Y oder als eine pleiotrope Wirkung von X resp. x, macht praktisch keinen Unterschied. Aber solange es keine näheren Anzeichen für diese Koppelung gibt als die obengenannten Tatsachen, ist diese Annahme unnötig kompliziert und ist es viel einfacher von pleiotroper Wirkung des Erbfaktors für die Körperfarbe zu reden.

Es darf also wohl als feststehend betrachtet werden, daß der Besitz ganz kohlschwarzer Kiefer und Krallen für den umbrabraunen Larventypus charakteristisch ist. Dasselbe gilt für den orange Larventypus hinsichtlich der Kiefer und Krallen, welche nur an der Spitze kohlschwarz sind. Darf man nun für den gelbbraunen Larventypus dasselbe annehmen? Nach Analogie von dem, was für die beiden andern Larventypen festgestellt wurde, liegt es wohl auf der Hand, daß auch bei dem gelbbraunen Larventypus die Farbeneinteilung auf Kiefern und Krallen eine Folge der pleiotropen Wirkung des Erbfaktors ist, welcher auch die Körperfarbe hervorruft. Der sichere Beweis dafür wäre nur zu liefern, wenn es gelänge die F_2-Analyse der Kreuzung zwischen gelbbraun und umbrabraun nicht nur mit Hilfe der Farbe von Kiefern und Krallen, sondern auch an der allgemeinen Körperfarbe vorzunehmen. Letzteres ist, wegen des geringen phänotypischen Farbenunterschiedes zwischen den beiden Elternformen, bisher nicht gelungen.

Ein zweites Verfahren ist, in der F_2 einer Kreuzung zwischen gelbbraun und umbrabraun die 3 Individuengruppen, welche man nach der Kieferfarbe unter den Larven unterscheiden kann, einzeln weiterzuzüchten. Wenn nun diese Scheidung nach der Kieferfarbe richtig ist, so dürfen die Individuen, welche man nach diesem Merkmal als gelbbraun klassifiziert nur gelbbraune Nachkommen erzeugen. Die Versuche, welche in dieser Richtung angestellt worden sind, sind jetzt noch nicht weit genug vorgeschritten, um daraus Schlüsse ziehen zu können. Bis dahin muß dieser Punkt also unentschieden bleiben. Die Kreuzungsresultate zeugen also für die Annahme einer pleiotropen Wirkung. Es erhob sich nun die Frage, ob auch morphologische Daten vorliegen, die diese Annahme rechtfertigen.

Beobachtet man bei jedem der drei Farbentypen die Ausfärbung der Kiefer und Krallen nach einer Häutung, so ergibt sich ein einfacher Zusammenhang zwischen der allgemeinen Körperfarbe der Larve und der Farbe von Kiefern und Krallen. Bei jeder der drei Formen sind die äußersten Spitzen der Kiefer und Krallen gleich nach der Häutung schon kohlschwarz. Während des Ausfärbungsprozesses der Larve durchläuft der basale Teil von Kiefern und Krallen bei der umbrabraunen Larve verschiedene Abstufungen von graubraun und ist schließlich kohlschwarz. Bei der gelbbraunen und orangen Larve durchlaufen diese Teile verschiedene Abstufungen von rotbraun und erreichen schließlich ihre endgültige rotbraune Farbe. Daraus darf man m.E. folgern, daß die Farbe der Kiefer und Krallen bedingt wi.d von einer lokal starken Anhäufung desselben Pigmentes, das auch im übrigen Teil des Integumentes die Farbe hervorruft. Infolge der starken Chitinentwicklung ist eine intensivere Anhäufung des Pigmentes sehr gut denkbar, ohne daß man sich hierbei wie Tower, (76) S. 34 vorzustellen braucht, daß Chitinbildung und Pigmentabsetzung als Teile desselben Prozesses vollkommen parallel miteinander verlaufen. Der Farbenunterschied der Kiefer und Krallen bei der umbrabraunen und bei der orange und der gelbbraunen Form wird also nur herbeigeführt durch das Vermögen ihrer Pigmente, mehr oder weniger stark zu färben. Daß zwischen den ganz kohlschwarzen Kiefern und Krallen der umbrabraunen Larve und den nur an der Spitze kohlschwarzen Kiefern kein wesentlicher Unterschied besteht, geht aus der Tatsache hervor, daß die basalen Teile dieser Organe des erstgenannten Typus bei starkem durchfallendem Licht dieselbe graubraune Farbe zeigen als der übrige Teil des Körpers. Infolge dieser Übereinstimmung kann man sich sehr gut denken, daß die allgemeine Farbe des Tieres und die Farbe der Kiefer und Krallen von dem Vorhandensein desselben Erbfaktors bedingt werden. Es liegt aber keineswegs in meiner Absicht zu behaupten, daß man ausschließlich aus einer derartigen morphologischen Übereinstimmung auf eine pleiotrope Wirkung eines Erbfaktors schließen dürfte; im Gegenteil, eine solche Schlußfolgerung darf nur auf Grund von Kreuzungsresultaten gezogen werden.

Im Vorhergehenden war die Rede von verschiedenen an der Larve wahrnehmbaren Merkmalen u.z.w. von der Körperfarbe und der Farbe von Kiefern, Krallen, und Antennen, welche von pleiotroper Wirkung desselben Erbfaktors bedingt wurden. Es erhebt sich nun die Frage — und auf S. 37 wurde schon darauf aufmerksam gemacht — ob bei dem Farbentypus der Larve und bei dem des Käfers auch von einer derartigen pleiotropen Wirkung die Rede ist.

Aus Tab. 6, S. 36 und Tab. 9 S. 40 geht zur Genüge hervor, daß der melanistische Käfertypus als eine einfache Dominante vererbt wird. Gesetzt, die Erbformel für diesen melanistischen Käfertypus ist ZZ, während die für die braunschwarzen Käfer, d.h. sowohl die des orangen Larventypus als die des gelbbraunen Larventypus, zz ist.

Zieht man nun zugleich den Pigmentierungstypus der Larve in Betracht, dann ergibtsich bei Benutzung der auf S. 42 eingeführten Symbolen daß die Form mit oranger Larve und braunschwarzem Käfer die Erbformel AA zz hat, die Formel für die Form mit gelbbrauner Larve und braunschwarzem Käfer a_1a_1 zz ist, während die für die Form mit umbrabrauner Larve und melanistischem Käfer a_2a_2 ZZ ist.

Nach dieser Auffassung müßten die Kreuzungen orange ∾ umbrabraun und gelbbraun ∾ umbrabraun den Charakter von dihybriden Kreuzungen haben wenn man die Farbe der Larve und die des Käfers beide in Betracht zieht. Bei vollkommen freier Spaltung der Faktoren A und Z wären dann in der F_2 der Kreuzung orange ∾ umbrabraun als Neukombinationen auch $AAZZ$ und a_2a_2zz-Individuen, d. h. Formen resp. mit orange Larve und melanistischem Käfer und mit umbrabrauner Larve und braunschwarzem Käfer zu erwarten.

Diese Kombinationen wurden nicht wahrgenommen, obgleich die drei Gruppen, welche man bei den F_2-Larven unterscheiden konnte, getrennt aufgezogen wurden und die Ausfärbung der aus jedem dieser drei Larvengruppen hervorgegangenen Käfer genau beobachtet wurde.

Die umbrabraunen F_2-Larven ergaben immer ausschließlich melanistische Käfer, während aus den intermediären Larven nur Bastardkäfer hervorgingen.

Diese aus den Rückkreuzungs-F_2 hergeleiteten Daten deuten darauf hin, daß der umbrabraune Larventypus und der melanistische Käfertypus zusammen vererbt werden; dasselbe gilt für den orange Larventypus gegenüber dem braunschwarzen Käfertypus. Diese Tatsachen sind im Widerspruch mit GOLDSCHMIDTS Angaben (34) für *Lymantria monacha* L. Hier wurden Larventypus und Faltertypen unabhängig voneinander vererbt (s. S. 159). Auch der auf S. 36 erwähnte Fall spricht gegen die Annahme zweier verschiedenen Erbfaktoren, der eine für den Farbentypus der Larve, der andere für den des Käfers. Denn wenn hier von zwei unabhängig spaltenden Faktoren die Rede wäre, so ist die Wahrscheinlichkeit sehr gering, daß die F_2-Larven alle zu melanistischen Käfern würden, während aus den gelbbraunen und den intermediären F_2-Larven ausschließlich braunschwarze resp. intermediäre Käfer hervorkämen!

Selbstverständlich ist die bei dieser Beweisführung angenommene genetische Konstitution zu erhalten durch die Annahme einer Koppelung von a_2 mit Z und von A und a_1 mit z, aber diese Annahme ist unnötig kompliziert und wird nur durch die Tatsache gestützt, daß orange und gelbbrauner Larventypus immer mit einem braunschwarzen Käfertypus zusammengehen, während aus der umbrabraunen Larvenform nur melanistische Käfer hervorgehen.

All diese Erscheinungen können viel einfacher durch die Annahme von pleiotroper Wirkung der, auf S. 42 eingeführten Faktoren A,a_1 und a_2 erklärt werden. Letztere Auffassung werde ich weiterhin beibehalten. Durch die Feststellung des Zusammenhangs zwischen Larvenfarbe und Käferfarbe verliert das auf S. 43 geäußerte Bedenken seine Bedeutung und wird die von ARENDSEN HEIN vorgeschlagene Annahme eines Systems tripler Allelomorphen, (4), S. 125 in jeder Hinsicht bestätigt.

Die hier betrachteten Eigenschaften bieten den großen Vorteil, daß sie in verschiedenen Stadien des Lebenszyklus wahrnehmbar sind. Es ist nun möglich dieselben Spaltungen zweimal festzustellen, ein mal bei den Larven und einmal bei den Käfern, ein Umstand, der den Angaben eine größere Zuverlässigkeit gibt.

Außer bei *Tenebrio*, sind Multiple Allelomorphen für die Körperfarbe der Larven von GOLDSCHMIDT (33) bei *Lymantria,* und von TANAKA (75) bei *Bombyx* nachgewiesen worden. Letzteres Beispiel dürfte sich wohl am nächsten den Befunden bei *Tenebrio* anschließen.

Die obenerwähnten Larventypen bei *Tenebrio* müssen als Haupttypen betrachtet werden; bei der Fortsetzung der Untersuchungen wird jeder dieser Haupttypen zweifellos noch wieder in eine Anzahl Untertypen zerlegt werden können. So besitze ich vom orangen Farbentypus vier Stämme, die untereinander deutlich wahrnehmbare, erblich festgelegte Unterschiede aufweisen. Für den umbrabraunen und den gelbbraunen Typus beträgt die Zahl der Untertypen 4 bzw. 2. Es wird sich gewiß der Mühe lohnen, auch diese Untertypen genetisch zu analysieren; vielleicht wird durch diese Analyse die multipel-allelomorphe Serie, welche auf Grund der bisher erzielten Kreuzungsresultate aus drie Gliedern besteht, um einige Glieder vermehrt werden können.

§ 4. *Dominanzwechsel*

Im vorigen § war die Rede von Merkmalen, welche während des ganzen Lebenszyklus wahrnehmbar sind. Durch diesen Umstand ist es möglich, sich eine Vorstellung zu machen von der Beschaffenheit der Erbfaktoren, welche diese Pigmentierungstypen hervorrufen.

Unter den Genetikern findet immer mehr der Gedanke Eingang, daß die Faktorentheorie allein nicht imstande ist, den Zusammenhang zwischen Erbfaktor und realisierter Eigenschaft zu erklären. Namentlich HAECKER (38, 39) und GOLDSCHMIDT (35) haben versucht diesen Zusammenhang zu ermitteln. In der Einleitung zu seiner „Physiologischen Theorie der Vererbung" (1927) äußert GOLDSCHMIDT sich folgendermaßen: (S. 8)

„Das Wesen der Vererbung wird aber erst klar, wenn wir uns eine Vorstellung darüber bilden können, wie die vom Ausgangspunkt an vorhandenen Gene bestimmend in den Gang der Entwicklung eingreifen. Daß sie anwesend sind und daß sie eingreifen, hat die Faktorentheorie gezeigt. Wie sie eingreifen, ist der nächste Schritt, der gemacht werden muß auf dem Weg einer Vererbungstheorie".

Es ist keineswegs die Absicht in meinen weiteren Ausführungen das in obenangeführtem Zitat gesteckte Ziel auch nur annähernd zu erreichen. Dieses ist nur möglich bei einem Objekt, das auch in faktorenanalytischer Beziehung eingehend untersucht worden ist. Daß hier dennoch versucht werden wird, für einen einzigen Fall die Richtung anzugeben, in der möglicherweise die Ursache eines erblichen Phänomens gesucht werden muß, wird dadurch begründet, daß gerade dieser Fall einige Anhaltspunkte für eine mögliche Erklärung bietet. Wie auf S. 38 ausgeführt wurde, steht der F_1-Bastard zwischen dem orangen und dem umbrabraunen Typus im Larvalstadium betrachtet, der orangen Elternform am nächsten. Dasselbe gilt für die

Bastardpuppe. Im Larval- und Pupalstadium tritt also ziemlich vollkommene Dominanz des orangen Typus auf. Betrachtet man nun denselben Bastard im Imaginalstadium, so dominiert gerade der melanistische Typus. Da es sich nun herausgestellt hat, daß Larvenfarbe und Käferfarbe beide von demselben Erbfaktor bedingt werden, darf man im vorliegenden Fall also mit Recht von einem Dominanzwechsel reden.

Es wird hier versucht werden für diese Erscheinung eine Erklärung zu geben, die ein wenig außer dem Rahmen der Faktorentheorie tritt.

Um diese Erklärung geben zu können, ist es notwendig, die Ursachen der Pigmentbildung etwas näher zu betrachten.

Es muß von vornherein festgestellt werden, daß bei *Tenebrio molitor* nur kutikuläre, melaninartige Pigmente vorkommen. Daß die Pigmente kutikulär sind, beweist an erster Stelle die Tatsache, daß die abgestreifte Larvenhaut das ganze Farbenmuster zeigt, während die Larve selbst nach einer Häutung weiß ist. PLOTNIKOW (57) konnte an Durchschnitten die kutikuläre Art dieser Pigmente zeigen. TOWER (76), S. 9, gibt an, daß bei Käferlarven ausschließlich kutikuläre Pigmente vorkommen. Daß die hier vorkommenden Pigmente melaninartig sind, beweisen die Untersuchungen GORTNERS (36).

Die allgemein verbreitete Ansicht über die Bildung der melaninartigen Pigmente ist, daß sie durch Oxydation eines Chromogens unter Einfluß eines Ferments entstehen. Für nähere Einzelheiten über diese Chromogen-Ferment-Hypothese muß ich auf Speziellarbeiten verweisen, namentlich auf die von v. FÜRTH und SCHNEIDER (30), BERTRAND (10), BLOCH (12, 13, 14), PRZIBRAM und Mitarbeitern (59, 60, 61, 62), HASEBROEK (40, 41, 42) und VERNE (78).

Das Chromogen, welches bei diesen Pigmentbildungen eine Rolle spielt, scheint mit Tyrosin nahe verwandt zu sein.

GESSARD (31) wies nach, daß in den von ihm untersuchten melanotischen Tumoren bei Pferden, freies Tyrosin vorkam. Auch aus *Lucilia Caesar* gelang es ihm, kristallisiertes Tyrosin zu gewinnen (32). GORTNER (36) isolierte aus der Larve von *Tenebrio molitor* das Chromogen; es ergab sich, daß dieses, wenn nicht Tyrosin selbst, jedoch ein damit sehr nahe verwandter Stoff war. PRZIBRAM, DEMBOWSKI und LEONORE BRECHER (62) geben an, daß auch in der Haemolymphe der Puppe von *Deilephila* freies Tyrosin nachgewiesen werden könne.

SCHMALFUSZ und WERNER (69) isolierten aus den Flügeldecken von

Melolontha vulgaris einen o-Dioxybenzol, welchen Stoff sie für das Chromogen halten.

Andere Untersucher konnten die Pigmentbildung verstärken durch Behandlung ganzer Organismen oder Teile des Integumentes mit Lösungen von Tyrosin und verwandten Stoffen. Von diesen Untersuchern muß an erster Stelle GRÄFIN VON LINDEN (49) genannt werden, der es gelang, bei Raupen und Puppen von *Vanessa urticea* durch Fütterung oder Einspritzung mit Hydrochinon eine dunklere Farbe des Integumentes hervorzurufen.

BANTA und GORTNER (7) konnten die Pigmentierung der Larve von *Spelerpes* durch Behandlung mit einer verdünnten Tyrosin-Lösung verstärken. Die Richtigkeit dieser Beobachtung wird übrigens von KEITEL, zitiert nach HAECKER (39), auf Grund von Untersuchungen am *Axolotl* angefochten.

BLOCH (13, 14) legte Hautfetzen von Säugetieren in eine Lösung von Dioxyphenylalanin („Dopa"). Alle Teile, wo normalerweise Pigment gebildet wird, wurden schwarz; am stärksten färbten sich diejenigen Teile, welche in natürlichem Zustand am stärksten pigmentiert waren, die anderen Teile verhältnismäßig weniger. HASEBROEK (42) nahm ähnliches wahr bei den Flügeln der Eule *Cymatophara or F. ab. albingensis* WARN.

Über die Herkunft der Chromogene besteht keine Gewißheit; einige Verfasser, v. FÜRTH (30), HENKE (43), VERNE (78), betrachten sie als Eiweißzerfallstoffe.

Inbetreff der Lokalisation des Chromogens kann für die Insekten wohl als gemeingültige Regel angenommen werden, daß die Farbenvorstufen besonders ihren Sitz in der Haemolymphe und im Integument haben. Die Erscheinung der spontanen Melanose der Insektenhaemolymphe weist darauf hin. RENGGER (64) war der erste der auf diese Melanose aufmerksam machte; auch FRÉDÉRICQ (26) befaßte sich mit diesem Problem. Die wahre Ursache der Melanose wurde erst im Jahre 1901 von v. FÜRTH und SCHNEIDER (30) erkannt. Ihre Beobachtungen wurden von verschiedenen spätern Untersuchern bestätigt, DEWITZ (24), PHISALIX (56), ROCQUES (66).

Das Ferment oder die Fermente, unter deren Einfluß die Chromogene zu Melaninen oxydiert werden, bezeichnet man gewöhnlich mit dem allgemeinen Namen Tyrosinasen. Ob man jeder dieser Tyrosinasen eine spezifische Wirkung zuschreiben muß, m. a. W. ob man in einigen Fällen (Säugetierhaut, Schmetterlingsflügel) von einer speziellen „Dopa-Oxydase" BLOCH (13, 14), HASEBROEK (41, 42) reden darf, ist eine Frage für sich, welche hier besser unberücksichtigt bleiben kann. GORTNER (36) wies nach, daß auch bei der Larve von *Tenebrio molitor* L. die Pigmentbildung bedingt werde durch die Oxydation eines tyrosinartigen Chromogens unter dem katalytischen Einfluß einer Tyrosinase. Bereits früher hatte BIEDERMANN (11) das Vorhandensein einer Tyrosinase bei der Larve von *Tenebrio molitor* festgestellt. Dieser Verfasser war der Ansicht, daß genannte Tyrosinase im Darminhalt vorkomme; nach GORTNER (36) beruht diese Behauptung auf einer unrichtigen Beobachtung. Seiner Meinung nach kommt nur in der Haemolymphe und im Integument Tyrosinase vor. Die Untersuchungen HASEBROEKS (42) haben ergeben, daß in dem Darm von *Cymatophora or* wohl Tyrosinase vorkommt, sodaß obengenannte Angabe BIEDERMANNS doch noch wohl richtig sein kann. Auch SCHMALFUSZ und WERNER (70) fanden in der Haemolymphe der Larve von *Tenebrio molitor* L. ein Ferment, das imstande ist, tyrosinartige Stoffe in vitro zu Melanin zu oxydieren.

Verschiedene Verfasser haben folglich für *Tenebrio molitor* das Vorhandensein der zur Pigmentbildung erforderlichen Komponenten nachgewiesen. Pigmentbildung findet nur dann statt wenn diese beiden Komponenten im richtigen Verhältnis anwesend sind und zugleich Sauerstoff und Wasser vorhanden ist. Der Ausdruck „richtiges Verhältnis" bedeutet, daß bei einer bestimmten Fermentkonzentration eine bestimmte Chromogenkonzentration erforderlich ist, um Maximalpigmentbildung zu erzielen. Bei oberflächlicher Betrachtung ist man geneigt anzunehmen, daß bei konstanter Fermentkonzentration und variabeler Chromogenkonzentration die gebildete Pigmentmenge der Chromogenkonzentration proportional sei, d.h. je mehr Chromogen, je mehr Pigment. Diese Auffassung trifft man in der Literatur ziemlich allgemein an. BLOCH und LÖFFLER (15) führen die Bronzefarbe der menschlichen Haut bei der Addison'schen Krankheit zurück auf ein vermehrtes Chromogenangebot infolge des Ausfallens der Nebennierenfunktion. Auch HENKE (43) vertritt die Ansicht, daß zwischen Chromogenmenge und Pigmentmenge ein direkter Zusammenhang besteht. Er schreibt, (43), S. 449:

„Wenn nun durch irgendwelche Ursachen der Chromogengehalt

des Blutes eine erhebliche Steigerung erfährt, so haben wir mit der vorhandenen Chromogenmenge als einem eigenen, die Pigmentmenge bestimmenden Faktor zu rechnen".

Die Experimente von SCHMALFUSZ und WERNER (70, 71) haben jedoch ergeben, daß diese Annahme nicht richtig zu sein braucht. Bei der Einwirkung des Raupenhaemolymphenfermentes auf Adrenalin zeigte sich, daß bei konstanter Fermentkonzentration gerade in den schwachen Adrenalinlösungen die stärkste Pigmentbildung auf tritt, während diese bei stärkeren Lösungen des Chromogens abnimmt.

Dieses Beispiel lehrt, wie vorsichtig man sein muß mit Ausdrücken wie: „es kann keine Pigmentbildung auftreten, weil zu wenig Chromogen vorhanden ist." Hat es sich doch gerade gezeigt, daß eine nicht stattfindende Pigmentbildung herrührt von zu großem Chromogenangebot. Es empfiehlt sich daher in diesem Zusammenhange den unseitigen Ausdruck „die beiden Komponenten müssen im richtigen Verhältnis zu einander stehen" zu verwenden.

Sind obenerwähnte Komponenten im richtigen Verhältnis vorhanden, dann kann Pigmentbildung stattfinden. Es erhebt sich nun die Frage: wo findet diese Pigmentbildung statt? Drei Stellen kommen dafür in Betracht:

1) die Haemolymphe;
2) die Hypodermis;
3) die Kutikula.

Die Untersuchungen GORTNERS (37*a*) haben gezeigt, daß vor der Ausfärbung des Käfers *Leptinotarsa decemlineata* SAY. in der Hypodermis viel Chromogen vorhanden ist. Ob das Chromogen gerade an dieser Stelle in Pigment verwandelt wird, konnte bisher noch nicht festgestellt werden. Möglicherweise wird das Chromogen in der Hypodermis nur teilweise oxydiert und als eine noch farblose Farbenvorstufe in den äußeren Schichten der Kutikula abgelagert, wo sie weiter zu Melanin oxydiert wird. Der Bildungsprozeß der Kutikula, SCHRÖDER (72) S. 3, und das unvermittelte Auftreten des Pigmentes in den äußeren Schichten derselben , TOWER (76), rechtfertigen m.E. diese Auffassung. Vielleicht darf man die von TOWER, (76), S. 31, in den Porienkanälen der Kutikula wahrgenommenen „zymogen granules" als farblose Pigmentvorstufen betrachten, welche im Begriff sind von der Hypodermis nach der primären Kutikula zu wandern. Man mag sich nun vorstellen, daß das Pigment als solches oder als farblose Pigmentvorstufe in die Kutikula abgelagert wird, in beiden Fällen muß man diese Ablagerung doch als eine Adsorptionserscheinung betrachten. In diesem Zusammenhang möchte ich nachdrücklich betonen, daß die Intensität der Pigmentation (d.h. dasjenige, was man äußerlich wahrnimmt) von dem Verhältnis, worin Ferment und Chromogen vorhanden sind, kein richtiges Bild zu geben braucht. Muß doch wie bei jeder anderen chemischen Reaktion so auch bei der Oxydation des Chromogens nach einiger Zeit zwischen den reagierenden Stoffen und dem gebildeten Produkt ein Gleichgewicht auftreten. Bleibt das Reaktionsprodukt im Reaktionssystem, dann wird die sich bildende Pigmentmenge eine ganz andere sein als wenn das Produkt immer abgeführt, oder was dasselbe Resultat ergibt, durch Adsorption festgelegt wird. Im ersten Fall kann man eine geringe Pigmentbildung erwarten, während im zweiten Fall bei derselben Chromogen- und Fermentkonzentration eine viel größere Totalpigmentmenge gebildet wird. Es ist selbstverständlich, daß eine derartige Pigmentspeicherung, wie sie oben angegeben wurde, nicht bis ins Unendliche weitergehen kann; das Adsorptionsvermögen des Chitins für das Pigment oder die Pigmentvorstufen stellt die Grenze fest.

HENKE (43), S. 448, wies auch schon auf die Bedeutung des Adsorptionsvermögens des Chitins hin.

Es fragt sich nun, ob es möglich ist, irgendeinen Zusammenhang zu ermitteln zwischen den auf genetischem Wege festgestellten Erbfaktoren für die drei Farbentypen bei *Tenebrio molitor* und den biochemisch nachgewiesenen Chromogenen und Fermenten. Die genetische Analyse ergab, daß für die drei Pigmentierungstypen ein System tripler Allelomorphe A, a_1 und a_2 angenommen werden muß. Es ist einerlei, ob man sich vorstellt, daß diese Faktoren entweder die Chromogen- oder die Fermentbildung oder auch die Bildung beider Stoffe bestimmen; einen wesentlichen Unterschied macht das nicht. Diese Frage wäre zu lösen wenn bei *Tenebrio molitor* eine erblich albinistische Form bekannt wäre, die entweder von Chromogenmangel oder von dem Fehlen des Ferments oder von dem Fehlen beider Stoffe bedingt wurde. Eine Kreuzung zwischen diesen hypothetischen Formen und den drei Haupttypen könnte darüber entscheiden, ob man reden darf von einem Erbfaktor für die Chromogenbildung und einem damit zusammenwirkenden Faktor für die Fermentbildung, oder ob man das Vorhandensein eines einzigen pleiotropen Faktors für die Bildung beider Stoffe annehmen muß.

Jede dieser Möglichkeiten läßt sich mit folgender Auseinandersetzung in Einklang bringen. Bequemlichkeitshalber werde ich im folgenden von Erbfaktoren für Pigmentbildung reden, werde es aber dahingestellt sein lassen, welche der im Obigen besprochenen drei Möglichkeiten darauf anwendbar ist. Diese im Sinne GOLDSCHMIDTS (35) als Autokatalysatoren aufgefaßten Erbfaktoren katalysieren Reaktionen, welche die Chromogen- und Fermentbildung zur Folge haben. Es erhebt sich nun die Frage: was ist der charakteristische Unterschied zwischen den 3 Farbentypen; oder, wenn man sich vorläufig auf die zwei Extreme beschränkt, der Unterschied zwischen dem orangen (AA) und dem umbrabraunen (a_2a_2) Typus? In dieser Hinsicht sind vier Auffassungen denkbar:

1) die beiden Typen besitzen dasselbe Ferment, aber verschiedene Chromogene;
2) die beiden Typen besitzen dasselbe Chromogen, aber verschiedene Fermente;
3) sowohl Chromogen als Ferment sind bei den beiden Typen verschieden;
4) beide Typen besitzen dasselbe Chromogen und dasselbe Ferment.

Es liegen verschiedene Angaben vor, welche die erste Auffassung zu der annehmlichsten machen. HASEBROEK (42), S. 29, konnte für sein Studienobjekt *Cymatophora or* nachweisen, daß das Ferment der nicht-melanistischen Form und dasjenige der melanistischen Form *albingensis* auf „Dopa" und Tyrosin beide dieselbe Wirkung ausübten. Es zeigte sich dagegen, (42), S. 311, daß das Integument der melanistischen Raupe die bekannten mit fermenthaltiger Raupenhaemolymphe getränkten Flußpapierstreifen erheblich stärker schwärzte als das der nicht melanistischen Form.

HASEBROEK (42) zieht hieraus folgenden Schluß, S. 311:

„Wir dürfen sagen, daß es sich mit großer Wahrscheinlichkeit beim natürlichen Melanismus der Cym. or um einen höheren Gehalt an Melaninvorstufen handelt, oder mindestens um eine stärkere Reaktionsbereitschaft dieser gegenüber den normal vorhandenen Oxydasen".

Auch für andere Schmetterlingsarten kommt er auf Grund seiner Untersuchungen zu dem Schluß, daß für das Auftreten von Melanismus nicht der Fermentgehalt, sondern der Chromogengehalt ausschlaggebend ist. Was für *Cymatophora or* und für einige andere Schmetterlinge gilt, braucht darum noch nicht für *Tenebrio molitor* zuzutreffen. Dennoch dürften die dort festgestellten Tatsachen wohl als Anweisungen betrachtet werden, die durch eine nähere Untersuchung noch bestätigt werden müssen.

Auffassung 2) und 3) muß ich völlig außer Betracht lassen, weil mir keine Fälle aus der Literatur bekannt sind, die darauf hinweisen, und mir noch keine eigenen Angaben über den Chromogen- und Fermentgehalt bei *Tenebrio molitor* zur Verfügung stehen.

Nach der 4. Auffassung müßten bei dem einen Typus die Wachstumsvorgänge des Tieres und der Pigmentbildungsprozeß solchermaßen aufeinander eingestellt sein, daß das Integument sich in dem Stadium befindet, in welchem es Pigment aufzunehmen vermag, wenn nur noch die niedrigeren (d.h. hellfarbigen) Oxydationsstufen des Chromogens gebildet sind. Der andere Typus erreicht das Stadium in welchem sein Integument Pigment aufnehmen kann, wenn die höheren (d.h. dunkelfarbigen) Oxydationsstufen desselben Chromogens gebildet sind. Die Unterschiede zwischen den Farbentypen werden hervorgerufen durch Verschiedenheiten in der Entwicklungsgeschwindigkeit.

Auffassung Nr 4 ist eine ähnliche als die welche von RIDDLE (65) und von GOLDSCHMIDT (35) entwickelt worden sind. Daß bei den Oxydationen, um welche es sich hier handelt, verschieden gefärbte Zwischenstufen wahrgenommen und bei den Experimenten in vitro sogar isoliert worden sind, das ergibt sich aus den Untersuchungen von Miss ENTEMAN (25) und von BERTRAND (10). Auch die Tatsache, daß Insekten nach einer Häutung einen Ausfärbungsprozeß durchlaufen, in welchem verschiedene Farbenabstufungen auftreten, deutet darauf hin. Dennoch gibt es bei *Tenebrio molitor* keine einzige Andeutung für die Richtigkeit dieser 4. Auffassung; es liegen sogar Tatsachen vor, die m.E. stark dagegen sprechen. Wenn das Pigment des melanistischen Käfers nur eine höhere Oxydationsstufe desjenigen des nicht-melanistischen Käfers darstellte, so müßte der Melanist während der ersten Ausfärbungsstadien dieselben Farbenabstufungen durchlaufen als der nicht-Melanist. Dieses ist jedoch nicht der Fall. Auf S. 29 sind die Unterschiede in der Ausfärbung zwischen Melanist und nicht-Melanist beschrieben. Diese Unterschiede sind so stark ausgeprägt, daß es nicht möglich ist, zu der Auffassung zu gelangen, daß das melanistische Pigment eine weitere Oxydationsstufe des braunschwarzen Pigmentes darstellt. Auch die Tatsache daß der melanistische Käfer viel schneller ausfärbt als der nicht-melanistische (vgl. S. 29) zeugt dagegen. Müßte doch in diesem Falle gerade der melanistische Käfer viel länger als der nicht-melanistische in einem Stadium verkehren, in welchem das Chitin Pigment aufnehmen kann, d.h. im Ausfärbungsstadium. Deshalb neige ich mehr zu der Ansicht, daß der melanistische Typus sich vom nicht-melanistischen unterscheidet durch den Besitz von Chromogen, das eine stärkere Reaktionsbereitschaft gegenüber dem Ferment hat.

Der AA Typus (= orange Typus) besitzt mithin ein Chromogen, das unter Einfluß eines Fermentes zum oranges Pigment oxydiert wird. Der a_2a_2 Typus (melanistischer Typus) weist ein anderes Chromogen auf, das mit demselben Ferment ein melanistisches Pigment ergibt. Die Entstehungsweise des Chromogens läßt sich erklären durch die Annahme von Reaktionen, im Sinne GOLDSCHMIDTs katalysiert von den Genen A und a_2. Für das Ferment ist diese Annahme nicht einmal notwendig. Es ist sehr gut möglich, daß dieses ganz unabhängig von den Faktoren A und a_2 entsteht, z.B. infolge anderer Faktoren, die beide Typen besitzen. In den homozygoten Individuen tritt nur eine der obengenannten Reaktionen auf, u.z. die von den zwei A-Genen resp. den zwei a_2-Genen katalysierte. Bei dem Bastard Aa_2 verlaufen zwei derartige Reaktionen nebeneinander, nämlich die A-Reaktion und die a_2 Reaktion. Welche sind nun die Erscheinungen, wenn diese zwei Reaktionen gleichzeitig verlaufen? Über diesen Punkt kann man sich zweierlei Vorstellung machen:

1) die beiden Reaktionen beeinflussen einander durchaus nicht, d.h. die A-Reaktion erzeugt ihr orangebildendes Chromogen, die a_2-Reaktion liefert das melanistische Chromogen, gleichwie in der homozygoten AA oder a_2a_2-Form.

Die Farbe des Bastardes rührt also her von dem Vorhandensein beider Pigmente. Ob die orange oder ob die schwarze Farbe überwiegt, hängt vom quantitativen Verhältnis ab, in welchem diese zwei Pigmente vorhanden sind. Dieses quantitative Verhältnis wird von zwei Momenten bedingt:

a) die Quantität des produzierten Chromogens,

b) das Adsorptionsvermögen des Chitins für die beiden Pigmente oder für ihre Vorstufen. Nach dieser Vorstellung ist jeder Grad der Dominanz denkbar.

2) Die beiden Reaktionen beeinflussen einander wohl. Dadurch wird z.B. das von der *A*-Reaktion produzierte Chromogen in mehr oder weniger hohem Grade verhindern, daß das von der a_2-Reaktion produzierte Chromogen mit dem Ferment zur Pigmentbildung übergeht. Es wird also in der Hauptsache oranges Pigment gebildet, m.a.W. der orange Typus dominiert. Die Untersuchungen von GORTNER (37) und von SCHMALFUSZ und WERNER (70) beweisen, daß eine solche Beeinflussung des einen Chromogens durch das andere möglich ist. GORTNER (37) gibt an, daß meta-hydroxy-Benzole verhindern, daß Tyrosin oxydiert wird. SCHMALFUSZ und WERNER (70) teilen folgendes mit, S. 304, 305: Das Chromogen D (Dioxyphenylalanin) ergibt bei der Oxydation eine schwarze Farbe; das Chromogen Protocatechusäure

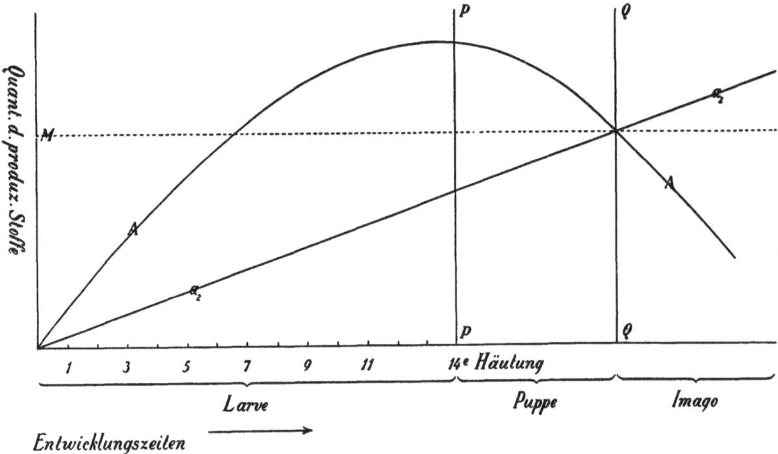

FIG. 9. Kurvenschema zur Verdeutlichung des Dominanzwechsels.

ergibt eine braune Farbe. In einer Mischung dieser beiden Stoffe verhindert die Protocatechusäure die Oxydation von D und tritt ausschließlich das dem erstgenannten Chromogen entsprechende braune Pigment auf. Zwischen einem vollkommen unabhängigen Verlauf der beiden Reaktionen und einer absoluten Unterdrückung einer dieser

Reaktionen sind alle möglichen Übergänge denkbar. Folglich ist auch nach dieser zweiten Auffassung jeder Dominanzgrad möglich. Ich neige am meisten zu der letzten Vorstellung. In dem ganz hypothetischen Schema Fig. 10 habe ich versucht eine Vorstellung zu geben von den Prozessen, die sich im Bastard vollziehen.

Es bleibe dahingestellt, ob man von einer additiven oder von einer alternativen Wirkung der von den Genen A resp. a_2 katalysierten Reaktionen reden darf. Auf die Ordinate sind die angenommenen Quantitäten der produzierten Stoffe abgetragen. Da für Pigmentbildung Chromogen und Ferment erforderlich sind und nach HASEBROEK (42) die Unterschiede zwischen Melanisten und nicht-Melanisten vor allem von dem Chromogengehalt bedingt werden, liegt es nahe, die Chromogene als die durch die Reaktionen produzierten Stoffe anzumerken. Auf die Abszisse sind die Entwicklungszeiten abgetragen. Die Länge des Larval-, Pupal- und Imaginalstadiums wird aus technischen Gründen in einem beliebigen Verhältnis genommen.

Berücksichtigt man die im Obigen (S. 38) bereits erwähnte Tatsache, daß bei der Bastardlarve und -Puppe der orange Typus, bei dem Bastardkäfer dagegen der melanistische Typus dominiert, dann müssen die von A resp. a_2 katalysierten Reaktionen folgenden Verlauf haben. Während des Larval- und Pupalstadiums überschreitet nur die A-Reaktion das Minimalwirkungsquantum [1]), das in Fig. 9 durch die Horizontallinie M bezeichnet ist. Die a_2-Reaktion dagegen bleibt während dieser beiden Stadien unter dem Minimalwirkungsquantum, das für diese Reaktion bequemlichkeitshalber dem der A-Reaktion gleichgestellt ist. Mit Hilfe dieser Vorstellung läßt sich die vollständige Dominanz des orangen Typus während des Larval- und Pupalstadiums erklären. Der Umschlag in der Dominanz, so daß im Imaginalstadium der melanistische Typus dominiert, muß im Kurvenschema angegeben werden als ein Schnittpunkt zwischen der A- und a_2-Kurve, wodurch erstere Reaktion unter das Minimalwirkungsquantum sinkt und die a_2-Reaktion das Übergewicht erlangt. Die genaue Lage dieses Schnittpunktes ist schwer anzugeben. In Fig. 9 ist angenommen daß dieser Schnittpunkt auf der Vertikalen QQ liegt, die den Zeitpunkt angibt, in welchem der Käfer ausschlüpft. Früher liegt dieser Umschlag-

[1]) Der Ausdruck Minimalwirkungsquantum bedeutet nicht, daß eine bestimmte Minimalchromogenmenge gebildet sein muß, bevor Pigmentbildung auftreten kann (Vgl. S. 53).

punkt unter keinen Umständen; wahrscheinlich muß man sogar annehmen, daß er in die Ausfärbungsstadien des jungen Käfers fällt.

Wenn die Reaktionen in der in Fig. 9 angegebenen Weise verlaufen, so kann man erwarten, daß Larven, die aus dem Larvalstadium hinausleben, bereits als Larve den Dominanzwechsel aufweisen. Könnte man sich dann doch vorstellen, daß bei gleichbleibendem Verlauf der A- und a_2-Kurve, der Endpunkt des Larvalstadiums durch eine Vertikallinie rechts vom Schnittpunkt zwischen diesen zwei Kurven angegeben würde. In diesem Falle würde mithin der Umschlagpunkt noch in das Larvalstadium fallen.

Daß derartige verspätete Larven vorkommen, beweisen die Erscheinungen der Protethelie, z.B. das Vorkommen von Flügelauswüchsen, Imaginalaugen, mehrgliedrige Antennen u.a. Es scheint, daß namentlich supra-optimale Temperaturen die Dauer des Larvenstadiums stark verlängern. Für Einzelheiten über diese Erscheinung muß ich auf ARENDSEN HEIN (2), v. LENGERKEN (48), und HEMSINGH-PRUTHI (58) verweisen.

Die wenigen von mir beobachteten prothetelen Bastardlarven, wiesen keine Spur von Dominanzwechsel auf; sowohl während des stark verlängerten Larvalstadiums als im Pupalstadium dominierte immer der orange Typus. Ich habe noch zu wenig derartige Larven beobachtet um daraus zuverlässige Schlüsse ziehen zu können.

Obenstehendes Kurvenschema ist durchaus hypothetisch und dient nur dazu, die Vorstellung zu erleichtern. Die Reaktionen, auf welche dieses Schema sich bezieht, sind jedoch möglicherweise dem Experiment zugänglich. Wenn es gelänge, den Chromogengehalt von AA, Aa_2 und a_2a_2-Individuen während ihres ganzes Lebenszyklus zu bestimmen — was mit Hilfe der von HASEBROEK (42) gefolgten Methode möglich sein muß — würde man die im Obigen ausgeführten theoretischen Vorstellungen an die experimentellen Resultate prüfen können.

VIERTES KAPITEL

DER TYPUS MIT V-FÖRMIGER KOPFGRUBE

§ 1. *Einleitung*

Im April 1924 fand Arendsen Hein unter den F_2-Käfern einer Kreuzung, welche für die Analyse der Augenfarbe vorgenommen worden war, sieben Käfer, die durch eine eigentümliche warzenartige Chitinwucherung ventro-rostral vom Auge, auffielen. Es zeigte sich, daß mit dieser Wucherung eine tiefe V-förmige Grube im Chitin des Schädels, ungefähr zwischen den Augen, zusammenging. Diese 7 Käfer wurden untereinander gepaart. Durch einen Unfall starben die Weibchen, ohne Eier gelegt zu haben. Hierauf wurden die Männchen mit normalen Weibchen gepaart und aus der Nachkommenschaft dieser Kreuzung wurde nach einigen Generationen durchgeführter Selektion ein Stamm gewonnen, der für diese merkwürdige Anomalie nahezu einheitlich war. Dieser Stamm befand sich unter dem Material, das mir im Januar 1926 zur Weiterbearbeitung übergeben wurde. Auf S. 75 wird besprochen werden, warum sie für obengenannte Anomalie nicht ganz rein war. Arendsen Hein hat in seinen Versuchsprotokollen über diesen Typus nur vereinzelte Notizen nachgelassen, welche im Obigen mitgeteilt wurden. Weil ich mit diesem Typus eingehendere Untersuchungen angestellt habe, halte ich es für notwendig, eine kurze Beschreibung dieser Anomalie voranzustellen.

§ 2. *Kurze Beschreibung des Typus mit V-förmiger Kopfgrube*

a. Der Käfer

Bei genauer Betrachtung des Kopfes von der Dorsalseite zeigt es sich, daß die Struktur des Chitinpanzers sehr abnorm ist. Das Integument ist hier so schwach, daß man ohne jede Mühe mit einer stumpfen

Nadel hindurchstechen kann, was bei einem normalen Käfer nie gelingt. Die Oberfläche des Panzers ist sehr wulstig, hier und da finden sich Stellen, wo sich nahezu kein verhärtetes Chitin gebildet hat; unregelmäßige Vertiefungen im Panzer deuten diese Stellen an.

Das Ganze macht den Eindruck, als ob das Chitin eingefressen wäre, wie z.B. eine Säure auf eine Marmorplatte einwirkt. Mit dieser Vergleichung soll durchaus nicht gesagt sein, daß die obenbeschriebene Struktur des Panzers die Folge irgendeiner äußeren Einwirkung ist. Es liegt viel näher anzunehmen, daß die Chitinabsetzung nicht an allen Stellen gleich stark ist.

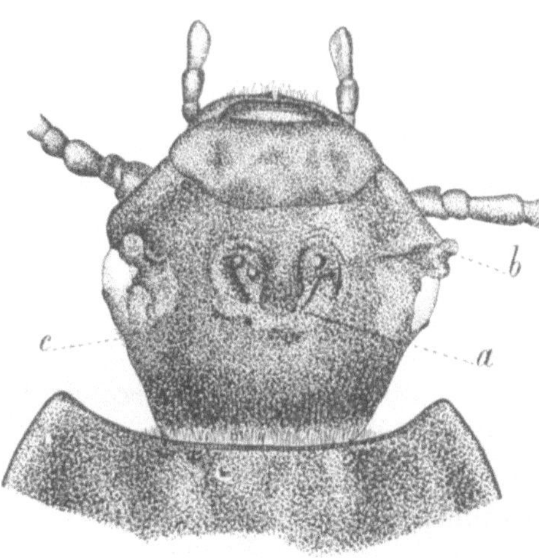

Fig. 10. Dorsalansicht des Kopfes eines ziemlich extremen „V-Grube"-Individuums V = 7½ ×.

Immer findet man eine scharf umrissene mediane, tiefe V-förmige Grube im Chitin des Schädels, ungefähr zwischen den Augen, Fig. 10 *a*.

Fig. 11. Normales (links) und extremes „V-Grube"-Individuum (rechts). Man beachte die Kopfform und die Antennen. V = 2½ ×. SALVERDA phot.

Die Spitze des V liegt ein wenig kaudal vom kaudalen Augenrand; die Spitzen der Beine des V liegen ebenso weit rostral wie der rostrale Augenrand, Fig. 10 und Fig. 11.

Der Boden dieser Grube ist sehr rauh und wulstig; er ist gleichsam mit kleinen chitinisierten Warzen bedeckt; die Teile zwischen den Warzen sind sehr schwach chitinisiert und kaum pigmentiert; dadurch ist der Boden der Grube bedeutend heller gefärbt als der übrige Teil des Schädels, Fig. 11. Diese Grube ist ± 2 mm. lang und ½ mm. breit; bei einiger Übung ist sie also leicht mit unbewaffnetem Auge erkennbar.

Mit dieser Grube geht oft das Vorkommen hornartiger Fortsätze, Fig. 10, *b*, Fig. 12, *b*, auf dem Chitinrand dorsal vom Auge zusammen. Diese Fortsätze bilden in sehr extremen Fällen eine Art Schirmdach, welches das Auge von der Dorsalseite überwölbt. Sehr typisch für diese Anomalie ist weiter das Vorkommen kleiner, goldgelber Härchen auf der Lateral- und Dorsalfläche des Kopfes. Ein fest lokalisiertes Büschel dieser Härchen Fig. 10, *c*, findet man am dorso-kaudalen Augenwinkel. Bei normalen Käfern kommen der gleichenHärchen nicht vor.

Die obenbeschriebene krebsartige Struktur des Chitins findet man auch auf der Lateralfläche des Kopfes. Sie äußert sich dort namentlich in einer starken Reduktion der Backe; dadurch ragt diese nicht wie bei dem normalen Käfer aus dem Profil des Kopfes hervor, sondern ist ziemlich flach, sodaß nun das Auge aus dem Profil des Kopfes hervorquillt, Fig. 10, Fig. 11.

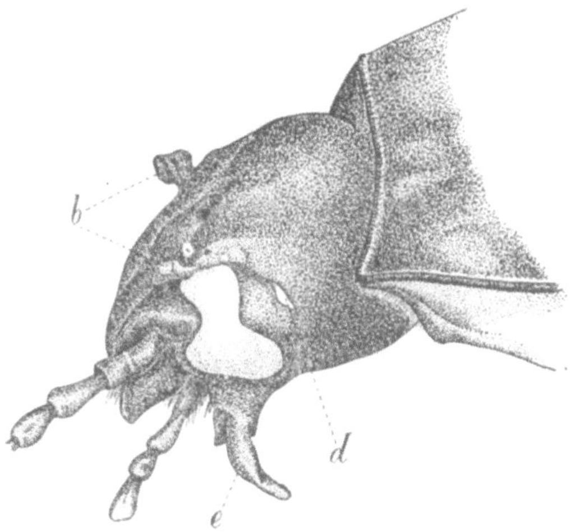

FIG. 12. Dasselbe Individuum wie in Fig. 10; Lateralansicht.

Ziemlich häufig, obglei ch nicht immer, findet sich am kaudalen Bac-Backenrand etwa in der Gegend des ventralen Augenrandes oder ein wenig mehr dorsal, eine Vertiefung im Chitin von gleicher Beschaf fenheit als die für den Schädel beschriebene V-förmige Grube, Fig. 12, *d*.

Die Ventralfläche des Kopfes zeigt diese krebsartige Struktur des Chitins in dem Teile von dem lateralen Rand des Tentoriums an bis etwas kaudal von dem distalen Augenrand. Als sehr auffallende Chitinwucherung in diesem Teil ist ein eigentümlicher warzenartiger Fortsatz, Fig. 12, *e*, zu erwähnen, der gerade am ventralen Augenrand zwischen der ventralen Backenspitze und dem ventralen Ende des Wulstes, welcher sich ventro-rostral vom Auge findet (vgl. Kap. 5.). In seinen Notizen nennt ARENDSEN HEIN diesen warzenartigen Fortsatz eine ventrale Augenklappe; da er aber nur selten den Charakter einer Klappe hat, möchte ich ihn lieber mit dem neutralen Namen eines ventralen Chitinfortsatzes bezeichnen. Dieser Fortsatz ist nicht aufzufassen als eine lokal starke Chitinbildung, sondern mehr als eine Ausstülpung des ventralen Kopfintegumentes. Dieser Charakter zeigt sich deutlich, wenn man den Fortsatz bei einem jungen, eben ausgeschlüpften Käfer, dessen Chitin noch ganz weich ist, aufpräpariert; es ergibt sich dann, daß er nicht massiv ist, sondern eine deutliche zentrale Höhle besitzt, die mit der Kopfhöhle kommuniziert. Dieser ventrale Chitinfortsatz ist sehr verschieden an Größe; selten ist er kaum wahrnehmbar, bisweilen so groß wie eine kleine Erbse. In extremen Fällen wie der letztgenannte, hat die Wucherung die Form einer Blase, die mit einer viskosen Flüssigkeit gefüllt ist, welche, wenn sie der Luft ausgesetzt wird, zu einer zähen braunen, harzigen Masse auftrocknet. Wird diese Blase irgendwie mechanisch beschädigt, so fließt ein Tropfen der zähen Flüssigkeit heraus, dessen Oberfläche zu einer Membran erstarrt. Wenn ein solcher Prozeß sich einige Male wiederholt, kann der Fortsatz sehr groß werden, so groß, daß das ganze Auge dadurch bedeckt und die ganze Antenne darin aufgenommen wird. Daß er bei einer derartig starken Entwicklung den Tieren sehr hinderlich ist, kann nicht wundernehmen. Fast immer weisen die Käfer dieses Typus Antennenmißbildungen auf. Die Antennen sind oft S-förmig gekrümmt, die Glieder sind angeschwollen oder abgeplattet und zeigen eine starke Neigung zur Fusion, während Antennenverzweigungen hier häufig vorkommen, Fig. 11. Mit der Erwähnung obengenannter Einzelheiten ist die Beschreibung . dieser merkwürdigen Anomalie noch keineswegs vollständig. Auch die allgemeine Form des Kopfes und des Auges und weiter die Struktur des Auges zeigen noch einige interessante Besonderheiten.

Die eigentümliche Form des Kopfes fällt besonders auf, wenn man diesen von der Seite betrachtet, Fig. 11, Fig. 13.

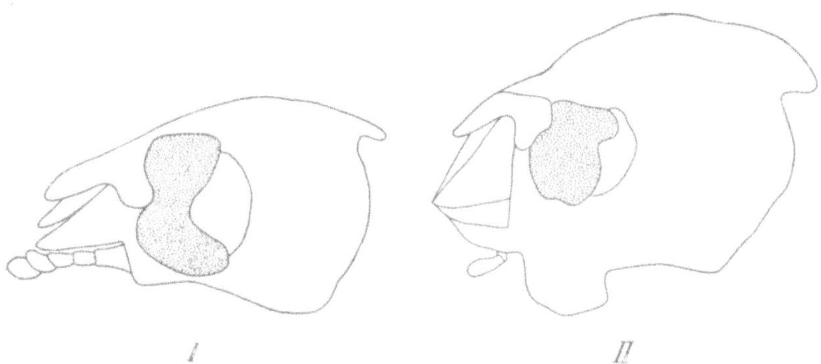

FIG. 13. Umriss des Kopfes eines normalen (I) und eines „V-Grube". Individuums (II). Lateralansicht. V = 9 ×.

Es ergibt sich, daß die rostro-kaudale Abmessung kleiner ist als bei idem normalen Käfer, während die dorso-ventrale Abmessung größer ist. Kurz gesagt, der Kopf ist kürzer und höher als bei normalen Individuen.

Auch von der Dorsalseite betrachtet, hat der Kopf eine abweichende Form, Fig. 14.

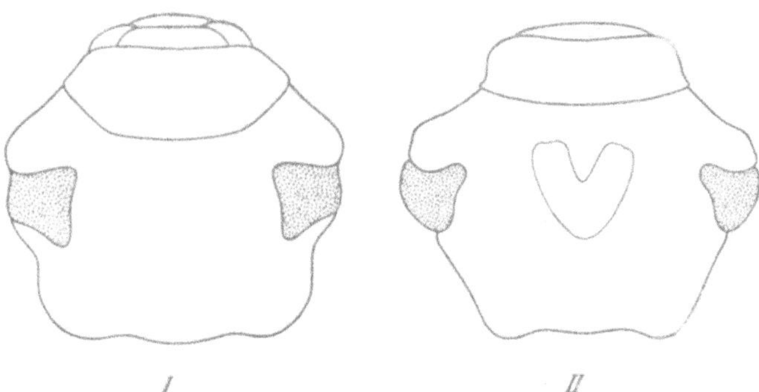

FIG. 14. Umriss des Kopfes eines normalen (I) und eines „V-Grube"-Käfers (II). Dorsalansicht. V = 8 ×.

Außer der geringen Entwicklung des Gesichtsteiles im Vergleich mit dem Schädelteil fällt besonders auf, daß der Umriß des Kopfes bei der Anomalie mit V-Grube viel eckiger ist als bei dem normalen

Käfer, Fig. 13, Fig. 14. Typisch ist auch das Vorquellen des Auges aus dem Profil des Kopfes infolge der geringen Entwicklung der Backe (vgl. S. 63).

Das Auge kann verschiedene Grade der Reduktion aufweisen. Reduktion besteht in einer Verkleinerung der dorso-ventralen Abmessung, Fig. 13. Bei Individuen, die diese Kopfanomalie in mittelstarkem Maße aufweisen, ist gewöhnlich die dorsale Augenhälfte am stärksten reduziert, in extremeren Fällen ist auch die ventrale Augenhälfte verkleinert; in sehr extremen Fällen kann das Auge bis auf etwa $^1/_6$ seiner normalen Oberfläche reduziert sein; es sieht dann aus wie ein kleines fazettiertes Feld, kaudal von dem Chitinfortsatz, der die Höhle, worin die Antenne eingepflanzt ist, überwölbt (s.S. 80).

Untersucht man Form und Anordnung der Augenfazetten, so ergibt sich folgendes, Fig. 15.

Die Fazetten haben in Flächenansicht nicht eine regelmäßige sechseckige, sondern eine ziemlich unregelmäßige 4—6-eckige Form. Auch in der Anordnung der Fazetten gibt es nicht die Regelmäßigkeit, welche sich beim normalen Auge findet. Vergleicht man Fig. 15 und Fig. 21, S. 81. miteinander, so zeigen sich die obenbeschriebenen Unterschiede sehr deutlich.

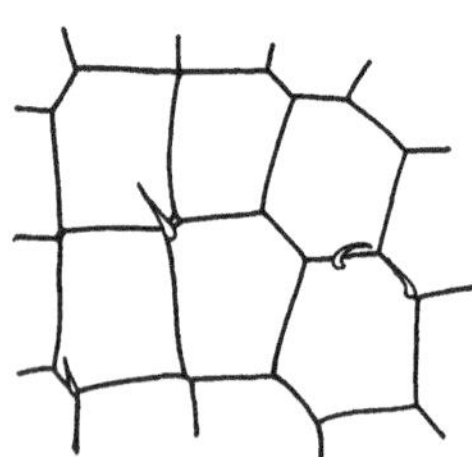

FIG. 15. Fazetten des Auges eines extremen „V-Grube"-Individuums. Corneapräparat. V=225×.

Schließlich muß noch die eigentümliche Haltung des Kopfes erwähnt werden, welche sich am besten zeigt, wenn man das Tier von der Seite betrachtet, Fig. 12. Die Längsachse des Kopfes bildet einen stumpfen Winkel mit der des Körpers; das Tier läßt sozusagen den Kopf hängen. Im Hinblick auf die Last, die es in der Form der zwei ventralen Chitinwucherungen zu schleppen hat, braucht uns dies nicht zu wundern.

Man sollte nun erwarten, daß die Individuen, welche obenstehende Anomalie aufwiesen, sehr schwach und wenig fruchtbar wären. Merkwürdigerweise ist gerade das Gegenteil der Fall. Sowohl was Lebenskraft als was Fruchtbarkeit betrifft, stehen sie hinter andern von mir gezüchteten Formen gar nicht zurück, ja unterscheiden sich sogar durch eine überaus kurze Entwicklungsdauer. Die Dauer einer Generation beträgt hier nämlich 5½ Monate, d.i. etwa 1½ Monate kürzer als für Stämme die eine mittlere Entwicklungsdauer haben.

Obenstehende Beschreibung wurde nach typischen Individuen gegeben; es versteht sich, daß man infolge der fluktuierenden Variabilität immer Individuen finden wird, die nicht in allen Teilen mit dieser Beschreibung übereinstimmen. Dennoch ist diese Kopfanomalie nicht so stark fluktuierend variabel, daß sie von den normalen Formen nicht stets scharf zu unterscheiden wäre. Auch dort, wo die Mißbildung des Kopfes und des Auges und die Entwicklung des ventralen Chitinfortsatzes gering oder kaum wahrnehmbar sind, ist die V-förmige Grube m Chitin des Vertex immer deutlich entwickelt. Aus diesem und aus noch einem zweiten Grunde, der sich unten bei der Besprechung der Larve ergeben wird, halte ich die V-förmige Kopfgrube für das am meisten typische Kriterium dieser Anomalie und habe sie deshalb „V-Grube" genannt.

Die Frage erhob sich nun, ob die obenbeschriebene Anomalie des Käfers vielleicht auch schon bei Puppe und Larve zu finden ist.

b. Die Puppe

Bei der Puppe, wo man alle Organe des jungen Käfers durch die Puppenhaut hindurch deutlich kann schimmern sehen, kostet es wenig Mühe, die V-Grube und den ventralen Chitinfortsatz zu unterscheiden. Letztgenannter Fortsatz wird hier zum Teil von der Antenne bedeckt.

c. Die Larve

Zufälligerweise bemerkte ich, daß auch am larvalen Kopf eine Abweichung vorkommt, die stark erinnert an die, welche sich am Schädel des Käfers findet, Fig. 16.

Nimmt man die Larve zwischen Daumen und Finger und betrachtet dann die Dorsalfläche des Kopfes von der rostralen Seite, so ergibt sich, daß das zwischen den beiden Beinen des gabelförmig verzweigten Blutgefäßes eingeschlossene dunkel pigmentierte Feld, Pl. I: 1, 2, 3, von einem scharf umrissenen U-förmigen hellfarbigen Flecken unterbrochen ist. Dadurch wird das dunkelfarbige Pigmentfeld bis auf einen medianen dreieckigen Pigmentflecken reduziert.

Betrachtet man den Kopf bei einer schwachen Vergrößerung (± 10 ×), so zeigt es sich, daß dieser U-förmige nicht-pigmentierte

Teil weiter nichts als eine hufeisenförmige Verdickung des Kopfes ist, welche an ihrem kaudalen Rand durch die gabelförmige Verzweigung des dorsalen Blutgefäßes begrenzt wird.

Diese U-förmige Verdickung ist schon bei sehr jungen Larven wahrzunehmen, allein wegen der geringen Größe dieser Larven nur mit Hilfe einer ± 25-fachen Vergrößerung (Zeiss' Binokularmikroskop). Bei halb ausgewachsenen Larven (± 3 Monate alt), ist der V-förmige Flecken bei einiger Routine mit unbewaffnetem Auge deutlich wahrnehmbar.

Fig. 16. Kopf und Prothorax einer ausgewachsenen Larve des „V-Grube" Typus. Dorsalansicht. V = 15 ×.

Alle Larven, welche diese U-förmige Verdickung auf dem Kopfe besitzen, werden zu Käfern mit dem obenbeschriebenen Komplex von Kopfanomalien. Es ist möglich, daß die U-förmige Verdickung bei der Larve als ein Vorläufer der V-Grube bei dem Käfer betrachtet werden muß. Welcher Zusammenhang besteht zwischen einer fest lokalisierten Bildung, die bei der Larve als eine Verdickung, bei der Imago dagegen als eine Grube von nahezu gleicher Form auftritt, ist eine Frage für sich, welche man hier besser außer Betracht lassen kann.

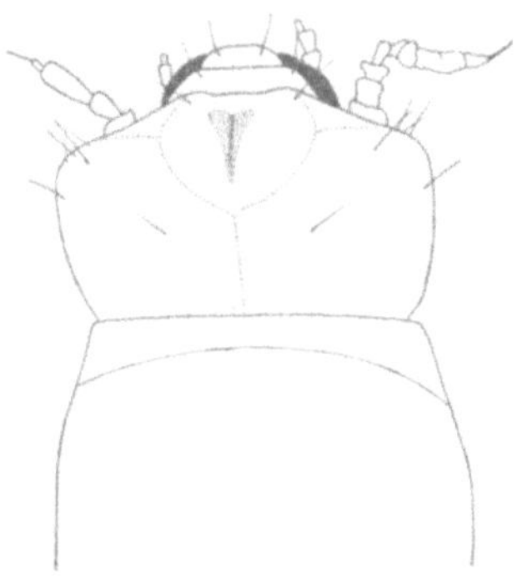

Fig. 17. Kopf- und Antennenmißbildungen bei einer Larve des „V-Grube"-Typus. Dorsalansicht V = 12 ×.

Es ist im höchsten Grade wichtig, daß hier ein Merkmal vorliegt, das nicht nur im Imaginal-, sondern auch im Larvalstadium wahrnehmbar ist. Dadurch ist es möglich, in der F_2 einer Kreuzung eine Spaltung bereits an den Larven festzustellen, während man die dabei erzielten Resultate später an den von diesen Larven gelieferten Imagines kontrollieren kann (S. s. 70).

Außer der obenbeschriebenen Anomalie zeigen die Larven von der Form mit V-Grube oft eigentümliche Kopf- und Antennenmißbildungen, von denen Fig. 17 eine gute Vorstellung gibt. Ob diese Mißbildungen mit den, auf S. 70 genannten Mißbildungen des Kopfes und der Antennen der Imago zusammenhängen, läßt sich nicht mit Sicherkeit sagen.

§ 3. *Kreuzungsresultate*

Im Frühjahr 1926 habe ich eine große Anzahl Kreuzungen zwischen Käfern mit V-Grube und normalen Individuen vorgenommen. In der F_1 zeigte es sich, daß die Anomalie „V-Grube" vollkommen dominant ist; die Bastardindividuen unterscheiden sich in keiner Hinsicht von homozygoten „V-Grube"-Individuen.

Die F_2 weist sowohl bei Beurteilung der Individuen in larvalem als in imaginalem Zustand eine einfache 3 : 1 Spaltung auf, Tab. 11.

TAB. 11. F_2 DER KREUZUNGEN V-GRUBE ∾ NORMAL

Versuchs-nummer	F_2-Larven			F_2-Käfer		
	mit V	normal	Gesamt-zahl	mit V	normal	Gesamt-zahl
Kr 140	188	56	244	110	36	146
Kr 147	69	30	99	—	—	—
Kr 158	365	121	486	—	—	—
Summe	622	207	829	110	36	146
Theor. 3 : 1	621,75	207,25		109,5	36,5	
	m = 12,46	D/m = 0,02		m = 5,14	D/m = 0,10	

Eine Anzahl F_1-Individuen wurde mit der rezessiven Elternform rückgekreuzt. Das in dieser Rückkreuzung auftretende 1 : 1 Verhältnis (Tab. 12) ist völlig in Übereinstimmung mit dem 3 : 1 Verhältnis, welches aus Tab. 11 hervorgeht.

Es darf also wohl als feststehend betrachtet werden, daß der Unter-

TAB. 12. RÜCKKREUZUNGEN (V-GRUBE ∾ NORMAL) ∾ NORMAL

Versuchsnummer	Larven			Käfer		
	mit V	normal	Gesamtzahl	mit V	normal	Gesamtzahl
Kr 143	7	8	15	3	1	4
Kr 144	40	40	80	38	33	71
Kr 148	1	2	3	1	1	2
Kr 149	33	27	60	28	23	51
Kr 159	28	27	55	26	27	53
Kr 184	51	56	107	—	—	—
Kr 185	56	46	102	—	—	—
Kr 200	50	44	94	—	—	—
Kr 202	30	26	56	—	—	—
Kr 204	24	26	50	—	—	—
Kr 204A	23	25	48	—	—	—
Kr 207	17	11	28	—	—	—
Kr 208	7	14	21	—	—	—
Kr 209	5	1	6	—	—	—
Kr 212	69	71	140	—	—	—
Summe	441	424	865	96	85	181
Theor. 1 : 1	432,5	432,5		90,5	90,5	

m = 14,70 D/m = 0,58 m = 6,72 D/m = 0,82

schied in erblicher Konstitution zwischen der Form mit V-Grube und dem Normaltypus von einem Erbfaktor bedingt wird, welchen ich mit *B* bezeichnen werde. Diesem Faktor *B* schreibe ich eine pleiotrope Wirkung zu; sowohl die U-förmige Verdickung bei der Larve als die V-Grube bei dem Käfer beruht auf dem Vorhandensein dieses Faktors. Dies geht aus folgender Beobachtung hervor. In den F_2 aller in Bezug auf die V-Grube vorgenommenen Kreuzungen, wurden die Larven in zwei Gruppen geschieden. Die eine Gruppe umfaßte die Larven mit U-förmiger Verdickung, die andere die normalen Larven. Die aus den erstgenannten Larven hervorgegangenen Käfer besaßen alle die V-Grube, während die der normalen Larven alle normal waren. U-förmige Verdickung bei der Larve und V-Grube bei dem Käfer werden demnach zusammen vererbt, werden also entweder bedingt von dem Vorhandensein zweier gekoppelter Faktoren oder eines Erbfaktors mit pleiotroper Wirkung. Solange es keine sicheren Anzeichen für Koppelung gibt, ist die Annahme einer pleiotropen Wirkung des Faktors *B* die einfachste.

Hinsichtlich des Geschlechts und der auf S. 42 eingeführten Faktoren

A, a_1 und a_2 spaltet dieser Faktor B vollkommen unabhängig. Einige Kreuzungen wiesen aber sehr stark auf eine Koppelung zwischen B und dem auf S. 86 einzuführenden Faktor g für fleischfarbige Augenfarbe hin. Es ist notwendig,hier den Tatsachen vorzugreifen; in diesem Zusammenhang genügt es aber zu erwähnen, daß Fleischfarbe rezessiv ist gegenüber schwarz (d.i. die normale Augenfarbe) und daß der schwarz/fleischfarben Unterschied einen Erbfaktor beträgt. Es wurden Kreuzungen vorgenommen zwischen schwarzäugigen Individuen mit V-Grube und Individuen mit fleischfarbigen Augen ohne V-Grube.

Diese Formen waren leicht zu gewinnen, weil ich mehrere, für die Kombination „fleischfarbig, ohne V-Grube" reine Stämme besitze, während die Individuen des „V-Grube"-Stammes schwarze Augen haben.

In den letztgenannten Individuen waren.also die zwei dominanten Merkmale vereinigt, während die erstgenannten die Kombination ihrer Rezessive aufwiesen. Die F_1 von zwei dieser Kreuzungen waren nicht homogen, sondern zeigten annähernd eine Spaltung in 50 % Individuen mit V-Grube und 50 % normale Individuen; zugleich trat nach der Augenfarbe eine Spaltung in 50 % schwarz und 50 % fleischfarben auf. Diese Spaltungen sind nur möglich, wenn die benutzte Elternform mit den beiden dominanten Merkmalen, d.h. die schwarzäugige Elternform mit V-Grube, für diese beiden Merkmale heterozygot war. Daß in dem Stamm, der die V-Grube- Individuen für diese Kreuzungen lieferte, Heterozygoten vorkamen, geht aus der Tatsache hervor, daß von den 12 in Bezug auf die V-Grube vorgenommenen Kreuzungen 8 eine spaltende F_1 ergaben. An und für sich ist eine der-

TAB. 12*a*. RÜCKKREUZUNGEN

Bb Gg × bb gg

Versuchs-nummer	mit - V schwarz	mit - V fleischfarben	normal schwarz	normal fleischfarben	Gesamt-zahl
Kr 159	0	26	27	0	53
Kr 170	0	40	29	0	69
Summe	0	66	56	0	122

artige Heterozygotie nichts Besonderes; äußerst merkwürdig ist aber folgende Tatsache.

Es zeigte sich mir nämlich, daß in den F_1 obengenannter zwei Kreuzungen alle Individuen mit V-Grube fleischfarbige Augen hatten, während alle normalen F_1-Individuen schwarzäugig waren. Diese Erscheinung wurde an einer Gesamtzahl von 122 F_1-Individuen wahrgenommen, Tab. 12*a*. Die einzige Erklärung dieses Falles ist die Annahme einer Koppelung zwischen den Faktoren *B* und *g* (vgl. S. 71). Hätte man doch bei freier Spaltung der Faktoren *B* und *g* in diesen F_1 4 Gruppen von Individuen und zwar

BbGg
Bbgg
bbGg
bbgg

in gleicher Anzahl beobachten müssen.

Die zwei hier besprochenen Kreuzungen haben zufälligerweise ganz den Charakter des „back-cross test", der gewöhnlich angewandt wird um die Koppelung zwischen zwei Faktoren festzustellen. Da über die genetische Konstitution der Elternformen, welche die dominanten Merkmale aufweisen, keine absolute Sicherkeit besteht, dürfen sie zwar nicht als vollkommen überzeugend betrachtet werden, machen aber doch die Realität der angenommenen Koppelung sehr wahrscheinlich. Sobald es gelungen ist, homozygote *BBGG*-Individuen zu züchten, werden neue Kreuzungen vorgenommen werden um die Existenz dieser Koppelung auf mehr überzeugende Weise festzustellen.

In engem Zusammenhang mit der im Obigen angenommenen Koppelung steht folgende Tatsache. Unter den F_1-Individuen obengenannter zwei Kreuzungen wurde eine Scheidung zwischen den Individuen mit V-Grube (die also zugleich fleischfarbige Augen hatten) und den normalen, schwarzäugigen Individuen vorgenommen. Von beiden Käfergruppen wurde eine Nachkommenschaft gezüchtet. Die Nachkommen der normalen, schwarzäugigen (*bbGg*) Individuen waren alle normal und zeigten hinsichtlich der Augenfarbe die theoretisch zu erwartende Spaltung in 3 schwarz: 1 fleischfarbig. F_1-Individuen mit V-Grube und fleischfarbigen Augen (*Bbgg*) wurden mit der doppelt rezessiven Elternform (*bbgg*) rückgekreuzt. In völliger Übereinstimmung mit der theoretischen Erwartung wurde in dieser Rückkreuzung

TAB. 13. RÜCKKREUZUNGEN

Bbgg ∾ *bbgg*

Versuchsnummer	Larven		
	mit V	normal	Gesamtzahl
AA — 2	16	18	34
AA — 6	4	1	5
AA — 7	1	4	5
Summe	21	23	44
Theor. 1 : 1	22	22	

m = 3,32 D/m = 0,30

gefunden: 50 % Individuen mit V und 50 % normal, Tab. 13, während alle Individuen fleischfarbige Augen aufwiesen.

Die Paarung der F_1-Individuen mit V-Grube untereinander dagegen ergab eine anfangs ganz unerklärliche Nachkommenschaft. Im Gegensatz zu der erwarteten 3 : 1 Spaltung trat hier annähernd ein Verhältnis von 2 Individuen mit V-Grube: 1 Individuum ohne V-Grube auf. Dies wurde bei 2 unabhängigen Kreuzungen an einer Gesamtzahl von 330 F_2-Individuen wahrgenommen. Es wurden 227 mit V, 103 ohne V gefunden.

Man ist geneigt aus solch einem Ergebnis zu schließen, daß die *BB*-Individuen, welche theoretisch 25 % der Gesamtzahl der F_2-Individuen bilden, infolge der lethalen Wirkung des Faktors *B* in homozygotem Zustand absterben. Gegen diesen Gedankengang erhebt sich das Bedenken, daß bei den meisten Kreuzungen zwischen normalen Individuen und solchen mit V-Grube in der F_2 eine 3 : 1 Spaltung auftritt (s. Tab. 11). Eine mögliche Erklärung dieses 2 : 1 Verhältnisses muß in folgender Richtung gesucht werden.

Das Elternindividuum, das die beiden dominanten Merkmale, d.h. schwarze Augen und V-Grube aufwies, hatte wie schon oben gefolgert wurde, die erbliche Zusammensetzung *BbGg*.

Dieses Individuum wurde mit einem *bbgg*-Individuum gepaart.

Schematisch dargestellt ist der Verlauf dieser Kreuzung folgender:

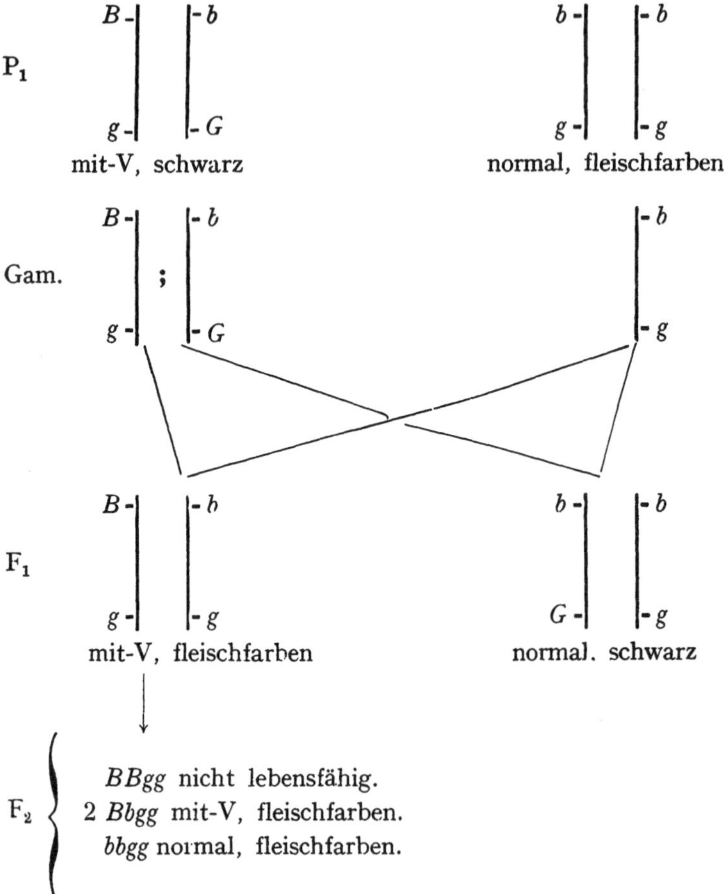

Theoretisch ist also zu erwarten, daß 25 % der F_2-Individuen die genotypische Konstitution *BBgg* haben. Diese Individuen halte ich für nicht lebensfähig. Mit anderen Worten: es wird angenommen, daß der Faktor *B* eine Lethalwirkung ausübt, wenn er samt dem mit ihm gekoppelten Augenfarbenfaktor *g* in homozygotem Zustand vorkommt. Bei dem jetzigen Stand der Untersuchungen scheint mir dies die einzig richtige Erklärung.

Sowohl in seinem Aussehen als im erblichen Verhalten erinnert der „V-Grube"-Typus an die von CATTELL, c.f. BRIDGES (23), bei *Droosphila* entdeckte Mutante „deformed". Diese Mutante zeigt ähnliche

Kopfabnormitäten als der Typus „V-Grube" bei *Tenebrio*; weiter ist sie dominant und in homozygotem Zustand nicht lebensfähig.

Die angenommene Lethalwirkung der homozygoten Kombination *BBgg* ist vielleicht auch die Ursache davon, daß der Stamm der V-Grube-Individuen trotz fünf Generationen Inzucht noch immer nicht einheitlich ist (vgl. S. 61); die 5. Inzuchtsgeneration enthielt noch ± 20 % Individuen ohne V-Grube.

Ein zweites Anzeichen für Unreinheit im Stamme liegt darin, daß 8 von den 12 vorgenommenen Kreuzungen zwischen Individuen mit V-Grube und normalen Individuen eine F_1 ergaben, die eine 1 : 1 Spaltung aufwies, welche also auf die Heterozygotie des verwendeten V-GrubeIndividuums hinweist.

Jedenfalls verdient dieser Punkt, der bei dem jetzigen Stand der Untersuchung nur gestreift werden konnte, besondere Berücksichtigung; weitere systematisch vorgenommene Kreuzungen werden ausweisen müssen ob die in diesen Seiten niedergelegten Ausführungen richtig sind.

FÜNFTES KAPITEL

IMAGINALE EIGENSCHAFTEN

a. Tarsus- und Antennenmerkmale

Bei seinen Untersuchungen hat ARENDSEN HEIN verschiedene erblich festgelegte Tarsus- und Antennenanomalien gefunden und genetisch analysiert. Die genaue Beschreibung und die genetische Analyse derselben findet man niedergelegt in (3). Es war bei der Fortsetzung der Arbeit von ARENDSEN HEIN nicht notwendig diesen Teil der Untersuchungen wieder aufzunehmen. Vollständigkeitshalber werden hier die von ihm erzielten Resultate kurz zusammengefaßt.

Die von ARENDSEN HEIN mit Ta bezeichnete Tarsusanomalie unterscheidet sich von der Normalform dadurch, daß die einzelnen Glieder des Tarsus teleskopartig ineinander geschoben sind. Dadurch weist der Tarsus verschiedene Grade von Reduktion auf. In Fig. 18 ist der Tarsus eines normalen Individuums neben demjenigen eines abnormalen abgebildet.

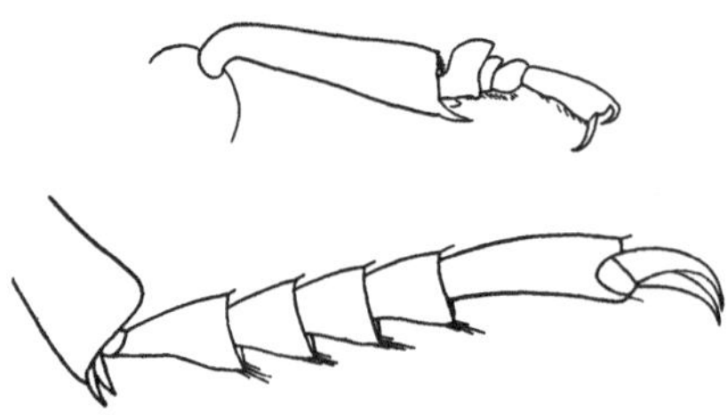

FIG. 18. Abnormaler und normaler Tarsus. Nach ARENDSEN HEIN 1924.

Der normale Tarsus ist in dieser Abbildung größer als der abnormale weil ersterer bei einer stärkeren Vergrößerung gezeichnet worden ist. Die von ARENDSEN HEIN eingeführte Bezeichnung Ta kann Verwirrung herbeiführen (vgl. S. 22); deswegen werde ich diesen Typus weiterhin als denjenigen mit abnormalem Tarsus bezeichnen.

Es wurden von ARENDSEN HEIN zwei erblich festgelegte Antennenanomalien gefunden. Die eine, welche er Atc (antennae compressed) nannte, unterscheidet sich durch den Besitz von Antennen, deren Glieder abgeplattet und verbreitert sind und eine Neigung zur Fusion zeigen. In Fig. 19 ist die Antenne eines normalen Käfers neben einer abgeplatteten Antenne abgebildet. Die Käfer, welche diese Anomalie aufweisen, haben ein plumpes Aussehen. Dieser Typus ist in hohem Grade von den Außenbedingungen abhängig. Bei einer Temperatur von 17—20° C. gezüchtet, zeigt der größere Teil der genotypisch zu dieser Form gehörenden Käfer ganz normale Antennen. Bei einer Temperatur von 20—27½° C. haben alle Individuen abgeplattete Antennen.

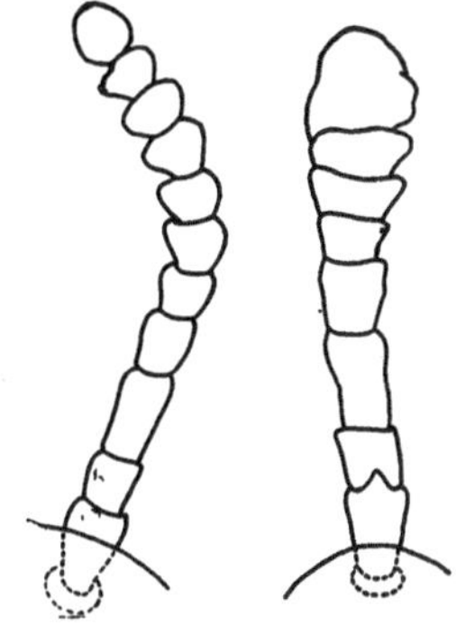

FIG. 19. Normale und abgeplattete Antenne. Nach ARENDSEN HEIN 1924.

Statt der von ARENDSEN HEIN eingeführten Bezeichnung Atc werde ich für diesen Typus den Namen „abgeplattete Antennen" verwenden.

Die zweite Antennenanomalie wird dadurch charakterisiert, daß die beiden Antennen und die Tarsen um ein Glied reduziert sind. Die Antennen sind hier folglich 10-gliedrig, während die Anzahl der Tarsalglieder für die beiden ersten Beinpaare 4, für das dritte Beinpaar 3 beträgt. Diese Reduktion erinnert stark an die Mutante „dachs" bei *Drosophila*, BRIDGES und MORGAN (22). Antennen und Tarsen sind ebenso schlank wie bei der Normalform. Diesen, von ARENDSEN HEIN mit At $^{10}/_{10}$ bezeichneten Typus werde ich weiterhin als den „reduzierten Typus" bezeichnen.

Zwischen diesen drei Anomalien und dem Normaltypus wurden von ARENDSEN HEIN alle nach der diallelen Methode möglichen Kreuzungen vorgenommen. Es zeigte sich, daß jede dieser drei Tarsus- und Antennenanomalien dem Normaltypus gegenüber rezessiv war und daß die F_2 eine einfache 3 : 1 Spaltung aufwiesen. Für ausführliche Daten kann ich auf ARENDSEN HEIN (3), Tab. III, Tab. V und Tab. VI verweisen. Die beiden anderen nach der diallelen Methode möglichen Kreuzungen ergaben in der F_2 eine 9 : 3 : 3 : 1-Spaltung.

ARENDSEN HEIN hat es unterlassen, auf Grund dieser Kreuzungsresultate Erbformeln einzuführen; was er auch nicht für die anderen Eigenschaften getan hat. In Übereinstimmung mit dem Vorhergehenden werde ich dieses nachholen.

Den Typus mit reduziertem Tarsus werde ich weiterhin mit *cc*, den Typus mit abgeplatteten Antennen mit *dd* und den reduzierten Typus mit *ee* bezeichnen. Die vollständigen Erbformeln werden dann:

Normaltypus = *CCDDEE*
abnormaler Tarsus = *ccDDEE*
abgeplattete Antenne = *CCddEE*
reduzierter Typus = *CCDDee*

Auch die anderen Kombinationen dieser Erbfaktoren, außer der tripel-rezessiven, sind als reine Stämme vorhanden.

Aus den Daten in den nachgelassenen Versuchsprotokollen ARENDSEN HEINS konnte ich schließen, daß diese Faktoren sowohl bezüglich der bereits eingeführten Faktoren für die Körperfarbe, S. 42, wie auch bezüglich der noch einzuführenden Faktoren für die Augenfarbe, Kap. 5, eine vollkommen freie Spaltung aufweisen.

b. Die Augenfarbe

§ 1. *Einleitung*

In der allgemeinen Einleitung wurde schon bemerkt, S. 4, daß ARENDSEN HEIN sich während der letzten Lebensjahre besonders mit der genetischen Analyse der Augenfarbe befaßt hat. Einige vorläufige Resultate dieser Analyse hat er niedergelegt in (2), S. 253. Die Kreuzungen, welche er in Bezug auf diese Analyse vornahm, waren zu der Zeit, wo ich seine Arbeit fortsetzte, schon ganz abgeschlossen. Es blieb mir also nur übrig, diese Daten zu sammeln und auszuarbeiten, sie hier und da durch eigene Angaben zu ergänzen oder zu bestätigen und dem Ganzen eine für Publikation geeignete Form zu geben. Überdies habe ich hier im Anschluß an das Vorhergehende ein Faktorenschema eingeführt.

Bevor ich zur Besprechung der Kreuzungsresultate übergehe, empfiehlt es sich, eine kurze Beschreibung des Auges von *Tenebrio molitor* L. und der Typen, welche man bezüglich der Augenfarbe unterscheiden kann, vorhergehen zu lassen.

§ 2. *Beschreibung des Auges*

Fig. 20; Pl. I : 7, 8, 9, 10

Das zusammengesetzte Auge des Käfers liegt auf der Lateralfläche des Kopfes, ein wenig distal von der Basis der Mandibeln. Der Umriß ist schwer zu beschreiben; LANDOIS und THELEN (47), S. 37, vergleichen ihn mit demjenigen eines Biskuits; es ist also eine lemniskatartige Linie. Demnach zeigt das Auge eine Verengerung, wodurch man eine dorsale und eine Ventrale Augenhälfte unterscheiden kann. Die ven-

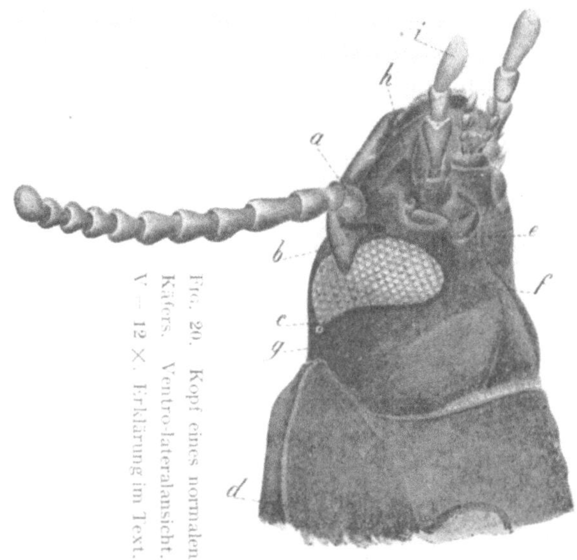

FIG. 20. Kopf eines normalen Käfers. Ventro-lateralansicht. V = 12 ×. Erklärung im Text.

trale Augenhälfte ist ein wenig größer als die dorsale. Diese Verengerung liegt gerade in der Verlängerungslinie der auf Prothorax und Abdomen vorkommenden scharfen Kante, Fig. 20, *d*, welche die Scheidung zwischen der dorsalen und der ventralen Hälfte des Körpers angibt. Sie wird an dem rostralen Rand durch das Chitinstück, *b*, gebildet, das die Vertiefung, in welcher der Scapus, *a*, der Antenne eingepflanzt ist, überbrückt. An dem kaudalen Rand wird die Verengerung durch die Backe, *c*, gebildet, welche mit kurzen Stacheln besetzt ist. Die größte Augenlänge, d.h. die Länge der dorso-ventralen Achse, beträgt etwa 2½ mm.

Rostralwärts wird das Auge von einem Chitinwulst, *e*, begrenzt, welcher an seinem rostralen Rand abgeplattet ist. Unter diesem Wulst artikuliert die Mandibel, *h*.

Die Augenfazetten, die schon bei einer 25-fachen Vergrößerung deutlich erkennbar sind, sind in Flächenansicht regelmäßig sechseckig, wie aus Fig. 21 hervorgeht.

Sie sind auf der Augenfläche in drei Reihensysteme angeordnet, welche sich unter einem Winkel von 60° schneiden. An den Begegnungsstellen zwischen drei Fazetten sind auf der Cornea kurze Augenhaare mit verdicktem Fuß eingepflanzt, Fig. 21. Der Diameter eines

Ommatidiums beträgt ungefähr 45 μ; die Gesamtzahl der Fazetten soll nach LANDOIS und THELEN (47) bei einem normalen Auge etwa 450 betragen.

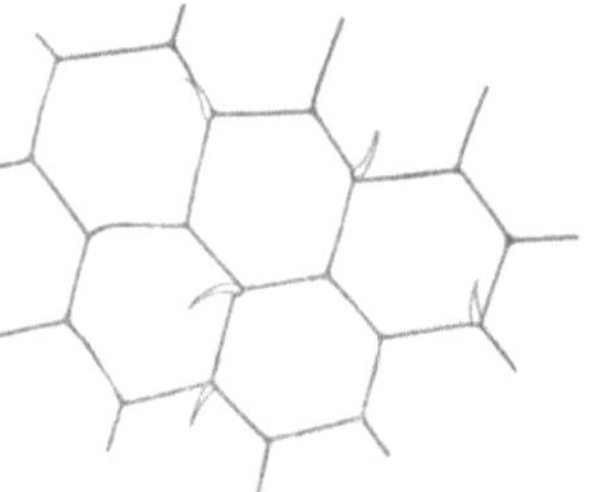

FIG. 21. Fazetten eines normalen Auges. V = 225 ×.

Mit dem feineren, inneren Bau des Auges habe ich mich nicht beschäftigt. Für diesbezügliche Einzelheiten verweise ich auf die obenerwähnte Arbeit von LANDOIS und THELEN (47).

In einer seiner Publikationen (2), S. 253, teilte ARENDSEN HEIN bereits mit, daß die normale Augenfarbe bei *Tenebrio molitor* L. schwarz ist. Bei dem eben ausgeschlüpften Käfer ist das Auge schon ganz pigmentiert und hebt sich durch seine dunkle braunschwarze Farbe stark gegen das noch großenteils unpigmentierte Chitin des Kopfes ab.

Das Auge ist eins der Zentren, wo sich das erste Pigment bildet. Ich konnte feststellen, daß schon bei der eben gebildeten Puppe an dem kaudalen Augenrand regelmäßig angeordnete schwarze Punkte wahrnehmbar sind. Jeder dieser Punkte entspricht einem Ommatidium. Fig. 22, I, stellt die Pigmententwicklung im zusammengesetzten Auge einer 24 Stunden alten Puppe dar.

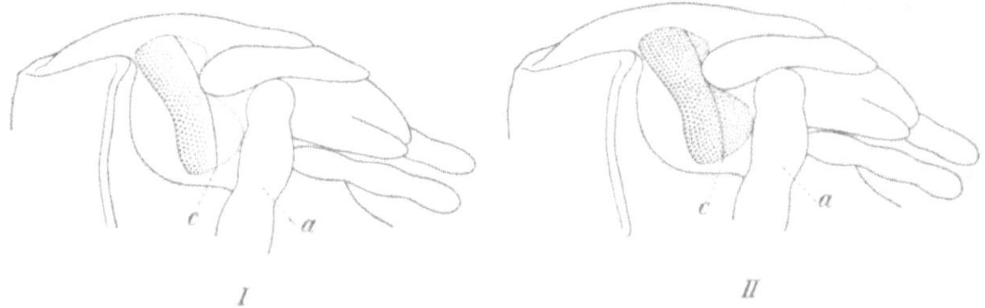

FIG. 22. Pigmententwicklung im zusammengesetzten Auge während des Puppenstadiums. I 24 Stunden alte Puppe; II dieselbe Puppe, 5 Tage alt. V = 10 ×.

Die schwarzen Punkte sind hier noch nicht bis an die Falte der Puppenhaut, Fig. 22, *c*, vorgerückt. Die Punkte entwickeln sich weiter nach dem rostralen Augenrande zu und bedecken bei der ± 5 Tage alten Puppe die ganze Augenfläche, II. In diesem Stadium sind die einzelnen schwarzen Punkte deutlich zu unterscheiden. Bei der älteren Puppe sieht man, von dem kaudalen Augenrande anfangend zwischen den dunkelen Punkten eine braunschwarze Farbe auftreten, die sich allmählich über die ganze Augenfläche verbreitet. Bei einer ± 8 Tage alten Puppe hat das ganze Auge eine gleichmäßige braunschwarze Farbe und sind die dunkelen Punkte nicht mehr einzeln erkennbar. Mit diesem Stadium hat das schwarze Auge seine endgültige Farbe erreicht. Wesentlich anders ist die Sachlage bei den anderen vier von ARENDSEN HEIN entdeckten Augenfarbentypen. Bei diesen Typen ist die Augenfarbe ein bei weitem nicht so deutliches Merkmal als die anderen schon besprochenen morphologischen. Die Augenfarbe ändert sich nämlich während des Käferlebens und wenn man von dieser Erscheinung nicht genau unterrichtet ist, kommt man oft zu Fehlschlüssen. Eine Änderung der Augenfarbe während des Lebens der Imago wurde auch für die Augen von *Drosophila* beschrieben, BRIDGES und MORGAN (23).

Im folgenden wird mit der normalen Augenfarbe immer die Farbe gemeint, welche das Auge bei dem eben ausgefärbten ± 5 Tage alten Käfer aufweist (vgl. S. 29).

Zu Beginn der *Tenebrio*-Untersuchungen fiel es ARENDSEN HEIN bei der Betrachtung toter Käfer auf, daß es soviele Individuen gab, deren Augen eine helle goldglänzende gelbe Farbe hatten. Bald zeigte nur ein Auge, bald zeigten beide Augen dieses Aussehen; in anderen Fällen hatte nur die dorsale oder die ventrale Augenhälfte diese Farbe. Auch Augen mit schwarzem mittlerem Teil und goldgelbem Rand oder umgekehrt kamen vor. Die gelbe Farbe kann auch auftreten als kleinere oder größere durch schwarze Teile getrennte Flecken. Diese goldgelbe Farbe war demnach sehr variabel in ihrer Ausdehnung, von fast ganz schwarz als das eine, bis völlig goldgelb als das andere Äußerste. Diese eigentümliche Veränderung der Augenfarbe bei dem toten Käfer veranlaßte eine regelmäßige Beobachtung der Augen bei dem lebenden Käfer [1]).

Nachdem einige Tausende derselben beobachtet worden waren, wurde die erste abnormale Augenfarbe bei einem einzigen Individuum gefunden.

Die Augen dieses Tieres hatten eine hellgelbe Farbe. Es war nicht die schöne glänzende goldgelbe Farbe, wie sie oben für die Augen der

[1]) Anm. Es will mir scheinen, daß dieser Goldglanz bei dem toten Käfer dadurch entsteht, daß die Cornea sich von dem untenliegenden Gewebe abhebt und Interferenzerscheinungen auftreten.

toten Käfer beschrieben wurde, sondern eine weniger helle kanariengelbe Farbe, Pl. I, 7. Der Einfachheit wegen werde ich weiterhin ausschließlich von gelb reden, worunter dann diese kanariengelbe Farbe verstanden wird. Eine weitere Eigentümlichkeit des gelben, und auch des fleischfarbenen, des roten und des gefleckten Typus ist das Vorkommen eines Saumes dunkel pigmentierter Fazetten am Außenrande des Auges, Fig. 20, *f*; Pl. I : 7, 8, 9, 10. Der Käfer, bei welchem man zuerst gelbe Augenfarbe beobachtete, war ein Männchen, später wurde sie bei noch drei Männchen angetroffen. Erst nachdem ungefähr 8000 Käfer beobachtet worden waren, wurde das erste gelbäugige Weibchen gefunden. Diese Individuen wurden untereinander gepaart und lieferten die für diese gelbe Augenfarbe reinen Stämme.

Bei den weiteren Untersuchungen zeigte es sich ARENDSEN HEIN, daß neben diesem Typus mit gelben Augen noch ein zweiter Typus vorkommt, der namentlich im Anfangsstadium leicht mit dem ersten verwechselt werden kann. Bei einer Kreuzung ist das Verhalten dieser beiden Typen aber ganz verschieden. Indem einige Kreuzungen völlig unerklärliche Zahlenverhältnisse aufwiesen, wurde ARENDSEN HEINS Aufmerksamkeit auf diesen zweiten Typus gelenkt. Nach vieler Mühe gelang es ihm diese Form, die er in seinen Notizen „fahläugig" nennt, zu isolieren. Die Augenfarbe dieser Individuen wird m.E. besser mit dem Namen fleischfarben, Pl. I, 8, bezeichnet; bei der weiteren Besprechung werde ich mich an diese letzte Bezeichnung halten.

Namentlich bei jungen, eben ausgeschlüpften Käfern ist es fast unmöglich Individuen mit gelben und solche mit fleischfarbenen Augen voneinander zu unterscheiden. Bei beiden Typen weist das Auge in diesem Stadium eine helle Rahmfarbe auf, obgleich die Farbe des fleischfarbenen Auges meistens blässer ist als die des gelben. Auf Grund dieser Unterschiede kann man nicht immer zwischen diesen zwei Typen eine scharfe Scheidung treffen. Ein auffallender Unterschied liegt in der Weise, wie sich die Augenfarbe bei diesen beiden Formen während des Käferlebens ändert. Hält man eben ausgeschlüpfte gelbäugige Käfer bei 27½° C., dann wird die anfangs rahmgelbe Augenfarbe allmählich dunkeler. Nach ± 5 Tagen, wenn der Käfer ganz ausgefärbt ist, hat das Auge seine Normalfarbe erreicht, Pl. I, 8. Bei einem längeren Aufenthalt bei dieser Temperatur wird das Auge allmählich dunkeler, hat nach 10—15 Tagen eine gleichmäßige rote Farbe angenommen und zeigt nach 4—6 Wochen eine fast ganz schwarze Farbe. Diese ist so dunkel, daß sie nicht von derjenigen der homozygot schwarzäugigen Individuen zu unterscheiden ist.

Hält man dagegen Individuen mit fleischfarbenen Augen bei dieser Temperatur, dann ändert sich die Augenfarbe kaum. Sogar nach einem Aufenthalt von gut einem Monat bei 27½° C. weisen die Augen noch dieselbe helle Fleischfarbe auf. Auch nach dem Tode des Käfers dunkelt das Auge nicht nach. Käfer, die schon länger als ein Jahr aufgespießt bewahrt wurden, zeigten noch deutlich fleischfarbene Augen. Durch die obengenannten Unterschiede sind gelbäugige Individuen und solche mit gleischfarbenen Augen immer scharf voneinander zu unterscheiden. Es zeigte sich ARENDSEN HEIN, daß man den Ausfärbungsprozeß der gelben Augen bedeutend beschleunigen kann, wenn man die Käfer bei einer Temperatur von 30—32° C. hält. Die gelben Augen sind bei dieser Temperatur nach drei Tagen braunrot geworden, während die fleischfarbenen Augen auch unter diesen Umständen nahezu unverändert bleiben. Diese Methode wurde sowohl von ARENDSEN HEIN als von mir immer angewandt um die Typen gelb und fleischfarben auf zuverlässige Weise voneinander zu unterscheiden.

Der dritte Augentypus, den ARENDSEN HEIN fand, ist der rote Typus. Die Normalfarbe des Auges ist hier weinrot, Pl. I, 9. Im Gegensatz zu dem gelben und dem fleischfarbenen Typus sind die ersten Spuren von Augenpigmentation schon im Pupalstadium wahrnehmbar; sie treten, wie ich beobachten konnte, später auf als bei dem schwarzäugigen Käfer (vgl. S. 81). Bei den eben ausgeschlüpften Käfern kommen die roten Pigmentflecken in ziemlich gleichmäßiger Verbreitung über das Auge vor, ohne aber miteinander zu verfließen; es ist noch immer ein gelbweißer Untergrund erkennbar, auf welchem die Pigmentflecken liegen. Nach einigen Tagen weist das Auge eine gleichmäßige rote Farbe auf, die mit dem Alter des Käfers dunkeler wird um schließlich in sehr dunkel rotbraun überzugehen. Das Auge wird aber nie ganz schwarz; immer ist noch eine, sei es denn auch schwache rote Glut wahrnehmbar, sogar bei zwei Monate alten Käfern. Bei einer Temperatur von 30—32° C. verläuft die Ausfärbung des roten Auges, ebenso wie die des gelben, bedeutend schneller.

Der vierte Augentypus ist der gefleckte Typus, Pl. I, 10. Im Auge sind hier schwarze und rote Teile zu unterscheiden. In den meisten Fällen überwiegt das Rot, kann man also von schwarzen Flecken in einem übrigens rotfarbigen Auge reden; zuweilen aber überwiegt auch das Schwarz. Die Grenze der schwarzen Flecken trifft nicht mit derjenigen der Fazetten zusammen, m.a.W. man kann hier nicht von einer Gruppe schwarz pigmentierter Ommatidien in einem übrigens roten Auge reden. Es ist mir immer aufgefallen, daß das Schwarz seine stärkste Entwicklung in der ventralen Augenhälfte hat. Zwischen diesen beiden Extremen finden sich alle erdenklichen Übergänge. Das schwarze Pigment tritt, wie ich feststellen konnte, schon ziemlich früh im Pupalstadium auf, gewiß nicht später als beim normalen schwarzen Auge (S. 81). Bei dem eben ausgeschlüpften Käfer heben sich diese schwarz gefärbten Teile stark gegen die noch sehr hellfarbigen roten Teile ab; in diesem Stadium ist der gefleckte Typus am stärksten ausgeprägt. Wenn der Käfer älter wird, verschwindet der starke Gegensatz zwischen schwarz und rot, indem letztere Farbe immer dunkeler wird und sich zu dunkel rotbraun verfärbt. Bei einem 14 Tage alten Käfer, der beim Ausschlüpfen sehr typische gefleckte Augen zeigte, konnte ich die schwarzen Teile kaum noch von der anfänglich rotfarbigen unterscheiden.

Aus dem oben Beschriebenen ist wohl hervorgegangen, daß die Scheidung zwischen den 5 Augenfarbentypen scharf durchzuführen ist. Will man in einer Mischung dieser 5 Typen schwarz, gelb, fleischfarben, rot und gefleckt eine Trennung vornehmen, so verfährt man dabei in ähnlicher Weise als bei einer chemischen Analyse. Schwarz und gefleckt lassen sich schon als Puppe oder als junger Käfer unterscheiden. In der Mischung sind dann also noch rot, gelb und fleischfarben übrig. Die rotäugigen Individuen sind an den ausgefärbten Käfern ohne Schwierigkeiten von den beiden anderen Typen zu unterscheiden. Schließlich können gelb und fleischfarben mit Hilfe des obenangegebenen Temperaturexperimentes getrennt werden.

§ 3. *Kreuzungsresultate*

Nachdem es Arendsen Hein gelungen war, die Augentypen schwarz, gelb, fleischfarben und rot rein zu züchten — bei dem gefleckten Typus ergab sich dabei eine Schwierigkeit, von welcher später, § 4, die Rede sein wird — wurden alle nach der diallelen Methode möglichen Kreuzungen zwischen den erstgenannten 4 Typen angestellt. Die Kreuzungsresultate werden in der Reihenfolge besprochen werden, wie sie in untenstehendem Schema angegeben ist.

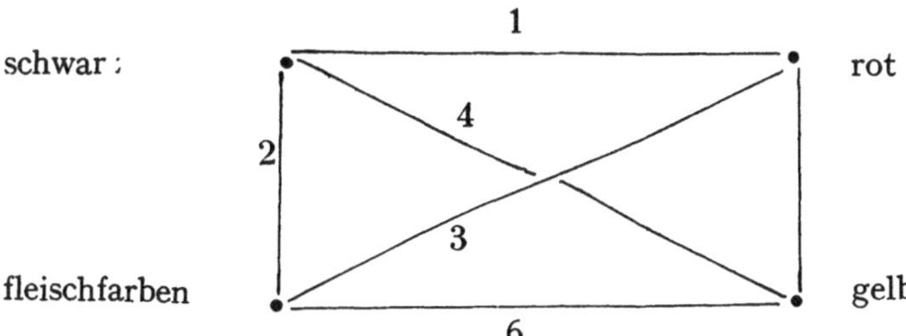

Bei der Besprechung der Kreuzungen werde ich von der allgemein üblichen Behandlungsweise abweichen und die Erbformeln, wie ich sie auf Grund der Kreuzungsresultate aufgestellt habe, voranstellen. Ich folge hier dieser Methode, weil es leichter ist, schon bei der Besprechung die Symbole verwenden zu können. Außerdem eröffneten die Erwägungen, die zur Annahme dieser Erbformeln führten, keinen einzigen neuen Gesichtspunkt.

Bei dem jetzigen Stand der Untersuchungen muß man annehmen, daß die schwarze Augenfarbe durch das Zusammenwirken der drei Erbfaktoren, *F*, *G* und *H* hervorgerufen wird. *FFGGHH*-Individuen sind schwarzäugig. Fehlt der Faktor *F*, so bedingt das eine rote Augenfarbe. Die Erbformel für diese Individuen ist *ffGGHH*. Bei den Individuen mit fleischfarbenen Augen ist der Faktor *G* nicht vorhanden; sie haben die Erbformel *FFggHH*. Eine Sonderstellung nimmt der Faktor *H* ein. Dieser ist nämlich im Geschlechtschromosom lokalisiert, wie sich aus der Kreuzung des schwarzen mit dem hinsichtlich dieses Faktors rezessiven gelbäugigen Typus ergibt. Dieser letzte Typus hat die Konstitution *FFGGhh*. Die anderen möglichen Kombinationen dieser Faktoren werden bei der Behandlung der Kreuzungsresultate erwähnt werden.

1. Schwarzäugiger ∾ rotäugiger Typus

Die F_1 dieser Kreuzung ist immer homogen schwarzäugig. Schwarz dominiert vollkommen über rot, denn die Augenfarbe bei dem Bastard unterscheidet sich in keiner Hinsicht von derjenigen der homozygoten schwarzäugigen Individuen.

TAB. 14. F_2 DER KREUZUNGEN SCHWARZ ∾ ROT [1]

Versuchsnummer	Typus der Eltern	Augenfarbe		Gesamtzahl
		schwarz	rot	
*BL 67	♀ schwarz × ♂ rot	39	11	50
*BL 97	„ „ „ „ „	44	14	58
*BL 112	„ „ „ „ „	22	5	27
*BL 150	„ „ „ „ „	20	5	25
*BL 158	„ „ „ „ „	53	8	61
*BL 161	„ „ „ „ „	52	21	73
*BL 168	„ „ „ „ „	44	9	53
*BL 222Dp	„ „ „ „ „	65	15	80
*BL 98	♀ rot × ♂ schwarz	58	21	79
*BL 113	„ „ „ „ „	19	11	30
*BL 116	„ „ „ „ „	121	44	165
*BL 146	„ „ „ „ „	28	3	31
*BL 146Dp	„ „ „ „ „	37	24	61
*BL 149	„ „ „ „ „	55	16	71
*BL 180	„ „ „ „ „	80	19	99
*BL 181	„ „ „ „ „	80	25	105
*BL 214	„ „ „ „ „	91	36	127
*BL 222	„ „ „ „ „	48	14	62
*BL 224Dp	„ „ „ „ „	62	24	86
	Summe	1018	325	1343
Theor. 3 : 1 für n = 1343		1007,25	335,75	

m = 15,95 D/m= 0,68

Aus Tab. 14 geht hervor, daß in der F_2 eine einfache monofaktorielle Spaltung auftritt. Die Augenfarben schwarz und rot trifft man bei den beiden Geschlechtern gleichmäßig verteilt an. Leider hat ARENDSEN HEIN es unterlassen, F_1-Individuen mit der rezessiven Elternform rückzukreuzen. Meine eigenen Experimente waren zu der Zeit, wo diese Abhandlung in Druck gegeben wurde, noch nicht weit genug vorgerückt, um die Analyse dieser Rückkreuzung vorzunehmen.

[1] S. S. 32, Fußnote.

Obenerwähnte F_2-Zahlenverhältnisse, Tab. 14, berechtigen vollkommen zu der Annahme, daß der Unterschied in erblicher Zusammensetzung zwischen dem schwarzäugigen und dem rotäugigen Typus einen Faktor beträgt. Dieser Unterschied wird dadurch angegeben, daß ich den schwarzen Typus mit *FF*, den roten mit *ff* bezeichne.

2. Schwarzäugiger Typus ∾ Typus mit fleischfarbenen Augen

Schwarz dominiert vollkommen über fleischfarben; die F_2 weist eine Spaltung auf, welche genügend mit dem theoretischen 3 : 1 Verhältnis übereinstimmt, Tab. 15. Die Augentypen schwarz und fleischfarben sind bei den beiden Geschlechtern gleichmäßig verteilt.

TAB. 15. F_2 DER KREUZUNGEN SCHWARZ ∾ FLEISCHFARBIG

Versuchs-nummer	Typus der Eltern	Augenfarbe		Gesamt-zahl
		schwarz	fleisch-farbig	
*BL 96	♀ schwarz × ♂ fleischfarbig	52	21	73
*BL 190	„ „ „ „ „	79	18	97
*BL 191	„ „ „ „ „	108	30	138
*BL 192	„ „ „ „ „	51	24	75
*BL 193	„ „ „ „ „	156	49	205
*BL 194	„ „ „ „ „	38	17	55
*BL 202	„ „ „ „ „	76	17	93
*BL 225^Dp	„ „ „ „ „	95	28	123
*Kr 28	„ „ „ „ „	80	23	103
*BL 131^Dp	♀ fleischfarbig × ♂ schwarz	99	47	146
*BL 132	„ „ „ „ „	91	23	114
*BL 148	„ „ „ „ „	108	32	140
*BL 164^Dp	„ „ „ „ „	71	19	90
*BL 183	„ „ „ „ „	25	9	34
*BL 184	„ „ „ „ „	70	27	97
*BL 199	„ „ „ „ „	17	8	25
*BL 201	„ „ „ „ „	56	20	76
*BL 203	„ „ „ „ „	101	26	127
*BL 225	„ „ „ „ „	85	32	117
*OG-KAZ	„ „ „ „	67	19	86
	Summe	1525	489	2014
	Theor. 3 : 1 für n = 2014	1510,5	503,5	

m = 19,43 D/m = 0,75

Rückkreuzungen von F_1-Individuen mit dem rezessiven Elter ergaben in völliger Übereinstimmung mit den aus Tab. 15 zu ziehenden Schlüssen ein annäherndes 1 : 1 Verhältnis, Tab. 16.

TAB. 16.

RÜCKKREUZUNGEN (SCHWARZ ∾ FLEISCHFARBIG) ∾ FLEISCHFARBIG

Versuchs-nummer	Augenfarbe		Gesamtzahl
	schwarz	fleischfarbig	
*Kr. 87	55	51	106
*BL 186	17	20	37
*BL 204	30	21	51
*BL 206	4	5	9
*BL 207	13	10	23
*BL 209	28	25	53
*BL 210	17	17	34
Summe	164	149	313
Theor. 1 : 1	156,5	156,5	
	m = 8,84	D/m = 0,85	

Der Unterschied in erblicher Zusammensetzung zwischen dem schwarzäugigen Typus und demjenigen mit fleischfarbenen Augen beträgt demnach einen Erbfaktor. Ob dieser Unterschied auf dem Vorhandensein eines anderen Faktors als der obengenannte Faktor F, oder auf dem Vorhandensein eines anderen Allelomorphes von F beruht, diese Frage kann nur durch die Kreuzung rot ∾ fleischfarben entschieden werden.

3. Rotäugiger Typus ∾ Typus mit fleischfarbenen Augen

Die beiden reziproken Kreuzungen ergeben eine homogene, schwarzäugige F_1. Daraus geht hervor daß die Faktoren, auf deren Vorhandensein der rote resp. der fleischfarbene Augentypus beruht, keine Allelomorphen sein können.

In der F_2 treten die Augenfarben schwarz, rot und fleischfarben in einem Zahlenverhältnis auf, das sehr gut mit dem theoretischen 9 : 3 : 4-Verhältnis übereinstimmt, Tab. 17.

TAB. 17. F_2 DER KREUZUNGEN ROT ∾ FLEISCHFARBIG

Versuchs-nummer	F_2-Käfer			
	Augenfarbe			Gesamt-zahl
	schwarz	rot	fleisch-farbig	
*BL 118	62	19	29	110
*BL 147Dp	86	30	34	150
*BL 152	44	12	11	67
*BL 152Dp	35	12	24	71
*BL 259	37	9	10	56
*BL 260	75	24	42	141
*BL 261	42	14	17	73
*BL 262	51	17	26	94
*BL 264	43	15	22	80
Summe	475	152	215	842
Theor. 9 : 3 : 4	473,6	157,9	210,5	
	D/m = 0,10	D/m ≐ 0,52	D/m = 0,36	

Es handelt sich hier also um eine dihybride Kreuzung. In Anbetracht der Ergebnisse der Kreuzungen schwarz∾rot, S. 88, und schwarz∾fleischfarben, S. 89, lag dies auch sehr nahe, obgleich man nach Analogie der bei *Drosophila* gefundenen multipel Allelomorphen der Augenfarbe white, BRIDGES (21), MORGAN und BRIDGES (51), und MORGAN (53), auch hier wohl multipel Allelomorphen hätte erwarten können.

Auf Grund der vorhin genannten und der unter 1) und 2), S. 86 und S. 88, behandelten Kreuzungsresultate, muß also ein homozygotes schwarzäugiges Individuum mit *FFGG* ... bezeichnet werden, während die Typen mit roten resp. fleischfarbenen Augen als *ffGG* ..., resp. *FFgg* ... angedeutet werden müssen.

Aus dem Verhältnis 9 schwarz: 3 rot: 4 fleischfarben muß man schließen, daß die doppelt rezessiven *ffgg*-Individuen phänotypisch nicht van *FFgg*-resp. *Ffgg*-Individuen zu unterscheiden sind. Es ist mir noch nicht gelungen, diese doppelt rezessiven Formen zu isolieren.

Die erbliche Zusammensetzung der *ffgg*-Individuen, welche theoretisch 25 % der Gesamtzahl der Individuen mit fleischfarbenen Augen bilden, könnte durch die folgende Reagenzkreuzung bewiesen werden.

Wird ein solches *ffgg*-Individuum mit einem homozygoten rotäugigen *ffGG*-Individuum gekreuzt, dann müssen alle F_1-Individuen *ffGg*, d.h. rotäugig sein. *FFgg*- oder *Ffgg*-Individuen müßten bei einer derartigen Kreuzung eine schwarzäugige F_1 ergeben. Diese Reagenzkreuzungen sind noch nicht ausgeführt worden.

4. Schwarzäugiger∾gelbäugiger Typus

Eine große Anzahl Kreuzungen zwischen diesen beiden Typen wurden von Arendsen Hein und später von mir vorgenommen. Schon bald ergab sich, daß die beiden reziproken Kreuzungen nicht gleicher Art waren. Wird der schwarzäugige Typus als die Mutterform ge-

Tab. 18. F_1 der Kreuzungen ♀ gelb × ♂ schwarz

Versuchs-nummer	F_1-Käfer			
	gelb		schwarz	
	♂	♀	♂	♀
*BL 58	30			26
*BL 59	14			10
*BL 70	25			25
*BL 86	25			39
*BL 102	9			12
*BL 111	10		1	4
*BL 114	14			16
*BL 115	5			4
*BL 131B	25			25
*BL 165	33			20
*BL 174	26			22
*BL 220Dp	28			16
*BL 221	19			10
*BL 233	11			9
*BL 237	25			20
*BL 237Dp	21			21
*BL 242	10			18
*Kr 26	28			22
Kr 158	53			68
Kr 164	30			43
Summe	441		1	430

nommen, dann sind alle F_1-Individuen schwarzäugig. Verwendet man dagegen den gelbäugigen Typus als die Mutterform, dann sind in der F_1 alle Weibchen schwarzäugig, alle Männchen gelbäugig, wie aus Tab. 18 ersichtlich ist.

Beobachtet man in erstgenannten Fall, also bei der Kreuzung ♀ schwarz × ♂ gelb, die Zusammensetzung der F_2, dann zeigt sich, ohne Rücksicht auf das Geschlecht, annähernd das Verhältnis 3 schwarz: 1 gelb, Tab. 19.

TAB. 19. F_2 DER KREUZUNGEN ♀ SCHWARZ × ♂ GELB

Versuchs-nummer	F_2-Käfer				
	gelb		schwarz		Gesamt-zahl
	♂	♀	♂	♀	
*BL 18	32		19	54	105
*BL 19	49		46	115	210
*BL 79	10		8	20	38
*BL 79Dp	8		10	26	44
*BL 90	13	1	8	16	38
*BL 109	12		19	32	63
*BL 166Dp	25	1	21	33	80
*BL 175	35	1	41	73	150
*BL 179	37		34	63	134
*BL 220	31		42	62	135
*BL 221Dp	21	2	22	39	84
*Kr 27	8		5	13	26
* OG	16		17	67	100
Summe	297	5	292	613	1207
	302		905		
Theor. 1 : 3	301,75		905,25		
	m = 8,7		D/m = 0,03		

Fast alle F_2-Weibchen haben schwarze Augen, während von den F_2-Männchen ungefähr die Hälfte schwarzäugig, die andere Hälfte gelbäugig ist.

TAB. 20. F_2 DER KREUZUNGEN ♀ GELB × ♂ SCHWARZ

Versuchs-nummer	F₂-Käfer				
	gelb		schwarz		Gesamt-zahl
	♂	♀	♂	♀	
*BL 58	18	10	9	13	50
*BL 59	6	16	11	5	38
*BL 70	11	14	10	15	50
*BL 86	18	12	15	13	58
*BL 102	14	23	12	12	61
*BL 111	25	18	15	30	88
*BL 114	17	11	17	12	57
*BL 115	16	11	9	7	43
*BL 131B	31	30	29	23	113
*BL 165	7	5	5	6	23
*BL 220Dp	17	26	24	16	83
*BL 221	13	7	16	19	55
*BL 233	29	32	34	21	116
*BL 237Dp	3	3	5	1	12
*BL 242	20	12	24	17	73
*Kr 26	4	5	4	3	16
Summe	249	235	239	213	936

In der F_2 der Kreuzung ♀ gelb × ♂ schwarz treten schwarzäugige und gelbäugige Individuen in gleicher Anzahl und gleichmäßiger Verteilung bei den beiden Geschlechtern, auf, Tab. 20.

Der hier besprochene Fall entspricht vollkommen dem klassischen Beispiel der geslechtsgebundenen Vererbung d.h. der Kreuzung zwischen rotäugiger und weißäugiger *Drosophila*. Gleichwie dort sind auch hier die Erscheinungen nur zu erklären durch die Annahme, daß die gelbe Augenfarbe von einem geschlechtsgebundenen rezessiven Erbfaktor bedingt wird, den ich mit *h* bezeichne. Auf S. 135 und S. 137 des bekannten MORGAN—NACHTSHEIMschen Lehrbuchs (52) finden sich die Schemata für die Kreuzungen zwischen rotäugiger und weißäugiger *Drosophila*. Ersetzt man in diesem Schema *W* durch *H* und *w* durch *h*, dann geben sie vollkommen die Erscheinungen bei *Tenebrio* wieder.

Auf Grund der Kreuzungsresultate muß man schließen, daß das männliche Geschlecht hier heterogametisch ist, eine Schlußfolgerung, die übrigens auch schon SIRKS (73) S. 255, bei der Erwähnung der vorläufigen Mitteilungen ARENDSEN HEINS (2), machte. Diese Schlußfolgerung wird durch zytologische Befunde vollkommen bestätigt. Miss STEVENS (74) wies beim Männchen der *Tenebrio molitor* L. ein Heterochromosom nach. Die diploide Chromosomenzahl beträgt 20; 18 + 2 X für das Weibchen, 18 + X + Y für das Männchen. Es darf also als eine feststehende Tatsache betrachtet werden, daß bei Tenebrio die Geschlechtsbestimmung nach dem XX — XY-Mechanismus erfolgt.

Mit diesen Tatsachen sind die noch zu besprechenden Resultate der Kreuzungen rot ∾ gelb und fleischfarben ∾ gelb in völliger Übereinstimmung. Eine Tatsache verdient noch die Aufmerksamkeit. Aus Tab. 18 und Tab. 19 wird ersichtlich, daß in der F_1 der Kreuzung ♀ gelb × ♂ schwarz vereinzelte schwarzäugige Männchen auftreten, während in der F_2 der Kreuzung ♀ schwarz × ♂ gelb, gelbäugige Weibchen vorkommen (s. Tab. 19, Nr: BL 90, BL 166Dp, BL 175, BL 221Dp).

Diese Ausnahmsmännchen und — Weibchen dürften auf non-disjunctions zurückzuführen sein, BRIDGES (21), und MORGAN (52).

5. Gelbäugiger ∾ rotäugiger Typus

Wie bei der vorigen, so treten auch bei diesen Kreuzungen Komplikationen auf, indem der Faktor *H* und sein Allelomorph *h* im Ge-

TAB. 21. F_1 DER KREUZUNGEN ♀ GELB × ♂ ROT

Versuchs-nummer	F₁-Käfer				
	gelb		schwarz		Gesamt-zahl
	♂	♀	♂	♀	
*BL 93	20	1(?)		25	46
*BL 117	29			29	58
*BL 254	42			25	67
*BL 255	31			13	44
*BL 256	26			14	40
Kr 174	12			9	21
Summe	160	1		115	276

schlechtschromosom lokalisiert sind. Auch hier sind die beiden reziproken Kreuzungen nicht gleicher Art. Wird der rotäugige Typus als Mutterform verwendet, dann sind alle F_1-Individuen schwarzäugig. Dagegen sind bei der reziproken Kreuzung ♀ gelb × ♂ rot alle F_1-Weibchen schwarzäugig, alle F_1-Männchen gelbäugig, Tab. 21.

Fig. 23 und Fig. 24 stellen in schematischer Weise die hier besprochenen Erscheinungen dar. In diesem Schema bezeichne ich mit einem o, daß das Y-Chromosom in genetischer Hinsicht „leer" ist. Der einzige Unterschied von dem bekannten MORGANschen Schema s. S. 93, ist der, daß bei dieser Kreuzung zwei Erbfaktoren, ein autosomaler (*F*) und ein geschlechtsgebundener (*H*) beteiligt sind.

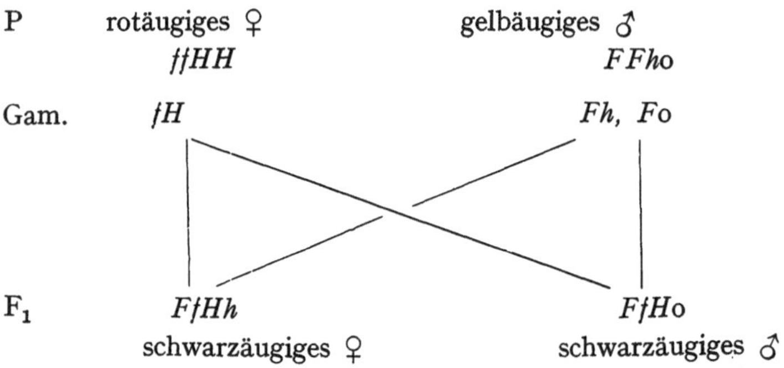

FIG. 23. Kreuzung zwischen rotäugigem *Tenebrio*-Weibchen und gelbäugigem Männchen.

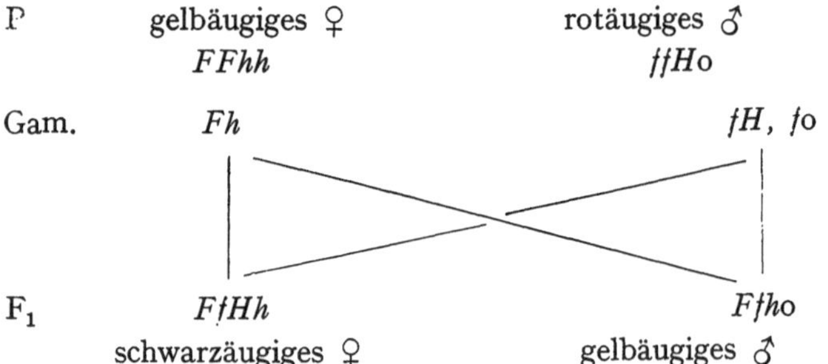

FIG. 24. Kreuzung zwischen gelbäugigem *Tenebrio*-Weibchen und rotäugigem Männchen.

Die F_2 der Kreuzung ♀ rot × ♂ gelb weist eine Spaltung in 9 schwarz : 3 rot : 4 gelb auf.

TAB. 22. F_2-GENERATIONEN DER KREUZUNG ♀ ROT × ♂ GELB

Versuchs-nummer	F_2-Käfer						
	schwarz		gelb		rot		Gesamt-zahl
	♂	♀	♂	♀	♂	♀	
*BL 106	13	24	18	—	2	8	65
*BL 151	29	46	30	—	14	16	135
*BL 257	23	36	25	—	2	12	98
*BL 258	9	19	12	—	1	2	43
Summe	74	125	85	—	19	38	341
	199		85		57		
Theor. 9 : 4 : 3	191,8		85,3		63,9		

Mit Rücksicht auf die unter 1), S. 86 und unter 4), S. 91 behandelten Kreuzungsresultate lag eine solche dihybride Spaltung auch sehr nahe.

Das 9 : 3 · 4 Verhältnis weist darauf hin, daß die *ffho*-Individuen phänotypisch gelbäugig sind. Es ist noch nicht gelungen diese doppelt rezessive Kombination zu isolieren. Eine Reagenzkreuzung auf diesen Typus würde in der Rückkreuzung mit homozygoten, rotäugigen Weibchen bestehen. Die *ffho*-Individuen müssen in diesem Falle eine rotäugige F_1 ergeben, während die *FFho* oder *Ffho*-Individuen eine schwarzäugige F_1 ergeben müßten.

Beobachtet man in der vorhin genannten F_2 die Verteilung der Augenfarben bei den beiden Geslechtern, dann ergibt sich folgendes. Tab. 23.

Die Weibchen sind entweder schwarzäugig oder rotäugig; schwarz: rot = annähernd 3 : 1.

Die Männchen sind schwarz-, rot- oder gelbäugig; schwarz : rot : gelb = annäherend 3 : 1 : 4.

TAB. 23. VERTEILUNG DER AUGENFARBEN BEI DEN BEIDEN GESCHLECHTERN IN DER F_2 DER KREUZUNG ♀ ROT × ♂ GELB

	schwarz	rot	gelb
♂	74	19	85
♀	125	33	—

Theoretisch geht diese Verteilung der Augenfarben unmittelbar aus dem F_2-Kombinationsschema hervor. Man muß dabei berücksichtigen, daß das F_1-Weibchen die Gameten *FH*, *Fh*, *fH* und *fh* bildet, während diejenigen des F_1-Männchens *FH*, *Fo*, *fH*, *fo* sind, Fig. 23.

In Tab. 24 ist diese theoretische Verteilung der Augenfarben bei den beiden Geschlechtern dargestellt.

TAB. 24. THEORETISCHE VERTEILUNG DER AUGENFARBEN BEI DEN BEIDEN GESCHLECHTERN IN DER F_2 DER KREUZUNG ♀ ROT × ♂ GELB

	schwarz	rot	gelb
♂	3	1	3 + 1
♀	6	2	

Mit 3+1 habe ich angeben wollen, daß 25 % der gelbäugigen Männchen die Erbformel *ffho* hat. Vergleicht man die auf experimentellem Wege ermittelten Zahlenverhältnisse aus Tab. 23 mit den theoretischen aus Tab. 24, dann ist die Übereinstimmung eine sehr befriedigende.

Untersucht man nun die Zusammensetzung der F_2 der reziproken Kreuzung ♀ gelb × ♂ rot, dann ergibt sich, daß sie das Verhältnis 125 gelb : 99 schwarz : 30 rot aufweist, Tab. 25.

TAB. 25. F_2 DER KREUZUNGEN ♀ GELB × ♂ ROT

Versuchsnummer	F_2-Käfer						
	schwarz		rot		gelb		Gesamtzahl
	♂	♀	♂	♀	♂	♀	
BL 93	15	17	4	5	24	27	92
BL 117	16	16	5	3	19	14	73
BL 254	14	21	7	6	17	24	89
Summe	45	54	16	14	60	65	254
	99		30		125		
Theor. 6 : 2 : 8	95,25		31,75		127		

Die Augenfarben sind bei den beiden Geschlechtern gleichmäßig verteilt. Zieht man in Betracht, daß die F_1-Weibchen dieser Kreuzung die Gameten *FH*, *Fh*, *fH* und *fh* bilden, während dieselben für die F_1-Männchen *Fo*, *Fh*, *fo*, *fh* sind, so folgt daraus, daß die theoretische

Verteilung der Augenfarben bei den beiden Geschlechtern die in Tab. 26 dargestellte sein muß.

TAB. 26. THEORETISCHE VERTEILUNG DER AUGENFARBEN BEI DEN BEIDEN GESCHLECHTERN IN DER F_2 DER KREUZUNG ♀ GELB × ♂ ROT

	schwarz	rot	gelb
♂	3	1	3 + 1
♀	3	1	3 + 1

Das ermittelte Zahlenverhältnis (s. oben) stimmt mit dem theoretischen annähernd überein. Bei oberflächlicher Betrachtung mutet dieses Verhältnis 6 : 2 : 8 einigermaßen sonderbar an. Durch eine einfache Beweisführung läßt es sich aber leicht auf ein gewöhnliches dihybrides Zahlenverhältnis zurückführen. Man muß dabei berücksichtigen, daß das Y-Chromosom genetisch leer ist. Die Gameten, welche dieses Y-Chromosom enthalten, benehmen sich als ob sie *h* übertrügen, während sie, wenn das Y-Chromosom sich normal verhielte, *H* enthalten müßten. Dieses ist der Grund, weshalb die Kombinationen *Ffoh, fFoh, Ffoh* und *ffoh* gelbäugig sind. Verhielte das Y-Chromosom sich normal, dann würden die ersten drei Kombinationen schwarzäugig sein, während *ffoh* rotäugig sein würde. Zieht man diese Tatsachen in Betracht, dann geht das vorhin genannte 6 : 2 : 8 Verhältnis in ein 9 : 3 : 4 Verhältnis über.

Die hier besprochene Kreuzung ergab in der F_2 ziemlich komplizierte Zahlenverhältnisse, weil sie sich auf eine autosomale und eine geslechtsgebundene Eigenschaft bezog. Die Angabe der Zahlenverhältnisse und die Erwähnung, daß diese mit den theoretisch zu erwartenden übereinstimmen, hätte hier selbstverständlich genügt. Um jedoch die Übereinstimmung zwischen den theoretischen und den beobachteten Zahlenverhältnissen nachdrücklich hervorzuheben, war es notwendig, ein wenig länger bei diesen Tatsachen zu verweilen.

6. Gelbäugiger Typus ∾ Typus mit fleischfarbenen Augen

Diese Kreuzungen unterscheiden sich theoretisch in keiner Hinsicht von den unter 5) besprochenen. Ersetzt man in dieser Besprechung rot durch fleischfarben, so ist sie auf die Kreuzung gelb ∾ fleischfarben in ihrem vollen Umfang anwendbar.

In Tab. 27, Tab. 28 und Tab. 29 sind die Kreuzungsresultate zusammengefaßt.

TAB. 27. F_1 DER KREUZUNGEN ♀ GELB × ♂ FLEISCHFARBEN

Versuchs-nummer	F₁-Käfer				
	gelb		schwarz		Gesamt-zahl
	♂	♀	♂	♀	
*BL 243	10	—	—	15	25
*BL 244	13	—	—	12	25
*BL 245	5	—	—	8	13
*BL 246	7	—	—	11	18
*BL 265	14	—	—	11	25
*BL 266	23	—	—	18	41
*Kr 30	24	—	—	18	42
Kr 138	22	—	—	11	33
Summe	118	—	—	104	222

TAB. 28. F_2 DER KREUZUNGEN ♀ FLEISCHFARBEN × ♂ GELB

Versuchs-nummer	F₂-Käfer						
	schwarz		fleischfarben		gelb		Gesamt-zahl
	♂	♀	♂	♀	♂	♀	
*Kr 80	32	49	11	13	8	—	113
*BL 247	38	53	5	6	28	—	130
*BL 248	22	44	15	12	18	—	111
*BL 250	27	43	17	10	13	—	110
*BL 267	20	46	18	20	13	—	117
*BL 268	38	61	18	9	26	1	153
Summe	177	296	84	70	106	1	734
	473		154		107		

TAB. 29. F_2 DER KREUZUNGEN ♀ GELB × ♂ FLEISCHFARBEN

Versuchs-nummer	F₂-Käfer						
	schwarz		fleischfarben		gelb		Gesamt-zahl
	♂	♀	♂	♀	♂	♀	
*BL 243	30	40	19	19	32	30	170
*BL 244	34	18	15	30	22	15	134
*BL 245	23	26	13	8	21	24	115
*BL 246	29	27	20	17	23	15	131
*BL 265	7	8	1	2	6	2	26
*BL 266	8	8	4	7	6	6	39
Summe	131	127	72	83	110	92	615
	258		155		202		

Die Übereinstimmung zwischen den gefundenen und den theoretisch zu erwartenden Zahlenverhältnissen ist ziemlich schlecht. In beiden F_2-Generationen bleibt die Anzahl gelbäugiger Käfer weit hinter der theoretischen zurück. Die Annahme, daß die Augentypen gelb und fleischfarben nicht korrekt getrennt werden können, genügt hier nicht; zählt man in Tab. 28 die gelben und die fleischfarbenen Individuen zusammen und stellt man sie den schwarzäugigen gegenüber, so ist die Übereinstimmung mit dem dann zu erwartenden 9 : 7 Verhältnis zwar eine bessere, aber noch keineswegs eine befriedigende. Bei dem jetzigen Stand der Untersuchungen muß dieser Punkt unentschieden bleiben.

§ 4. *Der gefleckte Typus*

Im Gegensatz zu den besprochenen vier Augentypen konnte der gefleckte Typus bisher nicht genetisch analysiert werden. ARENDSEN HEIN war schon zu der Überzeugung gelangt, daß es nicht möglich war, einen für den gefleckten Typus reinen Stamm zu züchten, ungeachtet der Tatsache, daß für die Weiterzüchtung des Stammes ausschließlich Individuen mit gefleckten Augen verwendet wurden. Immer trifft man neben Tieren mit gefleckten Augen auch rotäugige Tiere an. Ein festes Zahlenverhältnis zwischen diesen zwei Typen läßt sich nicht angeben, wie Tab. 30 zeigt.

TAB. 30. ANZAHL DER ROTÄUGIGEN UND GEFLECKTÄUGIGEN INDIVIDUEN

Versuchsjahr	rot	gefleckt
*1922	52	58
*1923	38	70
*1924	24	61
*1925	46	56
1926	38	51
1927	57	45

Wie im Obigen schon bemerkt wurde, verwendete ARENDSEN HEIN nur geflecktäugige Individuen für die Weiterzüchtung des Stammes.

Seit 1926 habe ich außer den geflecktäugigen Käfern auch die in demselben Stamm auftretenden rotäugigen Käfer untereinander gepaart. Dabei zeigte sich mir, daß unter der Nachkommenschaft der rotäugigen Käfer auch wieder gefleckträugige Individuen vorkamen, ihre Anzahl war nicht geringer als bei der Nachkommenschaft der „gefleckten" Käfer. Aller Wahrscheinlichkeit nach ist das hier besprochene Merkmal stark fluktuierend variabel, sodaß auch die im Stamm auftretenden rotäugigen Individuen als genotypisch „gefleckt" betrachtet werden müssen. Um ein solches Merkmal genetisch analysieren zu können, ist es im höchsten Grade wichtig andere weniger variabele Merkmale zu ermitteln, welche immer mit dem geflecktäugigen Typus zusammengehen (vgl. S. 26).

Vielleicht ist es auch möglich durch besondere äußere Umstände das Fluktuationsgebiet des gefleckten Auges einzuschränken, wie das z.B. bei *Drosophila*, bei der Mutante „abnormal" und „reduplicated" getan wird, MORGAN (50), HOGE (44). Das erbliche Verhalten dieses Augentypus ist infolge vorhin genannter Schwierigkeiten nur noch sehr unvollständig studiert worden. Hinsichtlich der schwarzen Augenfarbe ist der gefleckte Typus vollkommen rezessiv; bei einer Kreuzung mit dem rotäugigen Typus weist die F_1 außer rotäugigen Individuen auch solche mit gefleckten Augen auf. Die F_2 obengenannter Kreuzungen waren zu der Zeit, wo diese Abhandlung in Druck gegeben wurde, noch nicht analysiert worden.

ZUSAMMENFASSUNG

Diese Untersuchungen bilden eine Fortsetzung der im Jahre 1915 von ARENDSEN HEIN mit *Tenebrio molitor* L. angefangenen Versuche. Sie wurden in den Jahren 1926—1928 im Genetischen Institut der Reichs-Universität zu Groningen vorgenommen. Außer den nachgelassenen Daten ARENDSEN HEINS sind darin die von dem Verfasser gesammelten Angaben verarbeitet.

Bezüglich der Körperfarbe der Larve kann man drei Typen deutlich unterscheiden, u.z. den orangen, den gelbbraunen und den umbrabraunen Typus. Den beiden erstgenannten Larventypen entspricht ein braunschwarzer, dem letztgenannten ein melanistischer Käfertypus. Es konnte nachgewiesen werden, daß der Larventypus und der dementsprechende Käfertypus vom Vorhandensein desselben Erbfaktors bedingt werden. Bei den Larven dominiert der orange Typus über die beiden anderen; die Reihenfolge der Dominanz ist orange > umbrabraun > gelbbraun. Beim Käfer dagegen dominiert der, der umbrabraunen Larve entsprechende melanistische Typus. Die Kreuzungsresultate zeigten, daß die Erbfaktoren, auf deren Vorhandensein obengenannte drei Pigmentierungstypen beruhen, ein tripel allelomorphes System bilden. Der orange Typus wird als AA, der gelbbraune als a_1a_1, der umbrabraune als a_2a_2 bezeichnet. Der Bastard Aa_2 weist Dominanzwechsel auf, weil im Larvalstadium der orange Typus, im Imaginalstadium dagegen der melanistische Typus dominiert. Es wurde versucht diesen Dominanzwechsel nach den Auffassungen GOLDSCHMIDTS zu erklären und mit der Chromogen-Fermenthypothese der Pigmentbildung zu verbinden.

Eine von ARENDSEN HEIN entdeckte, aber noch gar nicht analysierte erbliche Kopfanomalie beim Käfer wurde ziemlich eingehend analysiert. Diese Anomalie hat einen sehr komplizierten Charakter; sie unterscheidet sich außer durch eine veränderte Kopfform, Reduktion des Auges, abnormale Anordnung der Augenfazetten, Auswüchse am Kopfpanzer u.s.w., besonders durch den Besitz einer V-förmigen Grube im Chitinpanzer des Schädels, ungefähr in der Mitte zwischen den Augen. Nach dieser Grube wird dieser Typus als „V-Grube"-Typus bezeichnet. Sowohl im Aussehen als im erblichen Verhalten erinnert diese Anomalie stark an die Mutante „deformed" bei *Drosophila.* Die Larven dieser Anomalie sind an einem hellen U-förmigen Flecken auf der Dorsalseite des Kopfes erkennbar. Die F_2-Analyse kann hier also zweimal, einmal bei den Larven, und einmal bei den Käfern verrichtet werden. In Hinsicht auf den Normaltypus ist diese Anomalie vollkommen dominant. Die F_2 weist eine 3 : 1 Spaltung auf. Der Erbfaktor, auf dessen Vorhandensein das Merkmal „V-Grube" beruht, wird mit *B* bezeichnet. Es hat sich gezeigt, daß zwischen *B* und dem Faktor *g* für den fleischfarbenen Augentypus eine Koppelung besteht (s. unten). Die homozygote Kombination *BBgg* hat eine Lethalwirkung.

Drei erbliche Tarsus- und Antennenanomalien wurden von ARENDSEN HEIN schon genügend analysiert. Der Typus „abnormaler Tarsus" unterscheidet sich durch den Besitz eines Tarsus, welcher dadurch mißbildet ist, daß die einzelnen Glieder wie diejenigen eines Fernrohrs ineinander geschoben sind. Beim „reduzierten Typus" sind die Antennen 10-gliedrig statt 11-gliedrig. Auch die Tarsen besitzen ein Glied weniger als beim Normaltypus. Dieser Typus entspricht der Mutante „dachs" bei *Drosophila.* Der Typus „abgeplattete Antenne" zeichnet sich aus durch den Besitz von Antennen, deren Glieder abgeplattet sind und eine starke Neigung zur Fusion zeigen. Auszerdem haben die Käfer dieses Typus ein plumpes Aussehen. All diese drei Typen verhalten sich dem Normaltypus gegenüber als einfache Rezessive.

Auf Grund der von ARENDSEN HEIN (3) veröffentlichten Kreuzungsresultate wurde für diese Typen nachstehendes Faktorenschema aufgestellt.

CCDDEE . . . . Normaltypus
ccDDEE . . . . Typus mit abnormalem Tarsus
CCddEE . . . . Typus mit abgeplatteter Antenne
CCDDee . . . . Reduzierter Typus

Die Faktoren *C*, *D* und *E* spalten unabhängig voneinander.

ARENDSEN HEIN traf neben dem normalen schwarzen Augentypus noch vier andere Augentypen an u.z. den roten, den fleischfarbenen, den gelben und den gefleckten. Die von ihm angefangene genetische Analyse dieser Typen wurde zu Ende geführt. Die Augenfarben rot, fleischfarben und gelb sind rezessiv gegenüber schwarz und ergeben in der F_2 eine monofaktorielle Spaltung. Die Kreuzung zwischen schwarzäugiger und gelbäugiger *Tenebrio* verläuft ganz entsprechend der bekannten Kreuzung zwischen rotäugiger und weißäugiger *Drosophila*. Die Kreuzungsresultate zeigen, daß der Faktor für gelbe Augenfarbe im Geschlechtschromosom lokalisiert ist und daß das männliche Geschlecht heterogametisch ist. Letztere Schlußfolgerung wird durch die Untersuchungen von Miss STEVENS, die beim *Tenebrio*-Männchen ein Y-Chromosom nachwies, zytologisch bestätigt. Auf Grund der Kreuzungsresultate wurde folgendes Faktorenschema aufgestellt.

FFGGHH . . . . schwarzäugiger Typus
ffGGHH . . . . rotäugiger Typus
FFggHH . . . . Typus mit fleischfarbenen Augen
FFGGhh . . . . gelbäugiger Typus.

Weiter ergab sich, daß:

ffggHH . . . . phänotypisch fleischfarben war,
FFgghh . . . . phänotypisch fleischfarben war,
ffGGhh . . . . phänotypisch gelb war.

Die Faktoren *F*, *G* und *H* spalten unabhängig voneinander. Für *g* konnte Koppelung mit *B* nachgewiesen werden (s. oben).

Der gflecktäugige Typus erwies sich als stark fluktuierend variabel, sodaß eine genetische Analyse bisher nicht möglich war. Gefleckt ist rezessiv gegenüber schwarz.

LITERATURVERZEICHNIS

(1) ARENDSEN HEIN, S. A., Technical experiences in the breeding of *Tenebrio molitor*. Proc. Kon. Akad. Wetensch. Amsterdam, Vol. XXIII, 1920, S. 193.

(2) ARENDSEN HEIN, S. A., Studies on variation in the mealworm, *Tenebrio molitor*. I Biological and genetical notes on *Tenebrio molitor*. Journ. Gen., Vol. X, 1920, S. 227.

(3) ARENDSEN HEIN, S. A., Studies on variation in the mealworm, *Tenebrio molitor*. II Variations in tarsi and antennae. Journ. Gen, Vol. XIV, 1924, S. 1.

(4) ARENDSEN HEIN, S. A., Larvenarten von der Gattung *Tenebrio* und ihre Kultur (Col.). Ent. Mitt., Bd XII, 1923, S. 121.

(5) ARENDSEN HEIN, S. A., Selektionsversuche mit Prothorax- und Elytravariationen bei *Tenebrio molitor*. Ent. Mitt., Bd XIII, 1924, S. 153 u. 243.

(6) BACHMETJEW, P., Experimentelle entomologische Studien. Bd 1. Temperaturverhältnisse bei Insekten. Leipzig, 1901.

(7) BANTA, A. M., und GORTNER, R. A., Induced modification in pigment development in *Spelerpes* larvae. The Ohio Naturalist, Vol. 13, 1913.

(8) BAUMANN, P., Neue Farbentonkarte, System Prase. Aue i. Sa., 1912.

(9) BERLESE, A., Gli insetti. Vol. 1, Embriologia e morfologia. Milano, 1909.

(10) BERTRAND, G., Recherches sur la mélanogénèse. Bull. Soc. Chim. Paris, année 1908, 4me série, T. III, S. 335.

(11) BIEDERMANN, W., Beiträge zur vergleichenden Physiologie der

Verdauung. I Die Verdauung der Larve von *Tenebrio molitor*. Pflüger's Archiv, Bd 72, 1898.

(12) Bloch, B., Über Pigmentbildung im Tierkörper. Verhandl. d. schw. naturf. Ges., 1917.

(13) Bloch, B., und Ryhiner, P., Histochemische Studien im überlebenden Gewebe über fermentative Oxydation und Pigmentbildung. Z. f. d. ges. exp. Med., Bd V, 1917, S. 179.

(14) Bloch, B., Das Problem der Pigmentbildung in der Haut. Arch. f. Derm. u. Syph., Bd CXXIV, 1917, S. 129.

(15) Bloch, B., und Löffler, W., Untersuchungen über die Bronzefärbung der Haut bei der Addisonschen Krankheit. Dtsch. Arch. f. kl. Med., Bd CXXI, 1917, S. 262.

(16) Born, P., Über die von Oswald Heer beschriebenen Caraben der Schweiz. Mitt. Schweiz. ent. Ges., Bd 12, 1916.

(17) Bowater, W., Heridity of melanism in Lepidoptera. Journ. Gen., Vol. III, 1913/'14.

(18) Breitenbecher, J. K., The genetic evidence of a multiple allelomorph system in *Bruchus* and its relation to sex-limited inheritance. Genetics, Vol. VI, 1921, S. 65.

(19) Breitenbecher, J. K., A red-spotted, sex-limited mutation in *Bruchus*. An. Nat., Vol. 57, 1923, S. 59.

(20) Breitenbecher, J. K., Sex-limited bilateral asymmetry in *Bruchus*. Genetics, Vol. X, 1925, S. 261.

(21) Bridges, C. B., Non-disjunction as Proof of the chromosome Theory of Heridity. Genetics, Vol. I, 1916, S. 1 und S. 107.

(22) Bridges, C. B., und Morgan, T. H., Contributions to the genetics of *Drosophila melanogaster*. II The second chromosome group of mutant characters. Carn. Inst. Wash. Publ., 278, 1919.

(23) Bridges, C. B., und Morgan, T. H., The third chromosome group of mutant characters of *Drosophila melanogaster*. Carn. Inst. Wash. Publ., 327, 1923.

(24) Dewitz, J., Untersuchungen über die Verwandlung der Insektenlarven. Arch. f. Anat. u. Physiol., Physiol. Abth., Suppl. Bd 1902.

(25) ENTEMAN, WILHELMINE M., Coloration in *Polistes*. Carn. Inst. Wash. Publ., 19, 1904.

(26) FRÉDÉRICQ, L., Sur le sang des insectes. Bull. d. l'ac. Roy. d. Belg., III série, T. 1, 1881.

(27) FREDERIKSE, A. M., Rudimentary parthenogenesis in *Tenebrio molitor* L. Journ. Gen., Vol. XIV, 1924, S. 93.

(28) FREDERIKSE, A. M., Species crossing in the genus *Tenebrio*. Journ. Gen., Vol. XVI, 1926, S. 353.

(29) FRENZEL, J., Bau und Thätigkeit des Verdauungscanales der Larve des *Tenebrio molitor*. Berl. ent. Zeitschr., Bd XXVI, 1882.

(30) FÜRTH, O. v., und SCHNEIDER, H., Über tierische Tyrosinasen und ihre Beziehungen zur Pigmentbildung. Hofmeister's Beitr. z. chem. Physiol. u. Path., Bd 1, 1901, S. 229.

(31) GESSARD, C., Sur la formation du pigment mélanique dans les tumeurs du cheval. C. R. Acad. Sc. Paris, T. 136, 1903.

(32) GESSARD, C., Tyrosinase de la mouche dorée. C. R. Acad. Sc. Paris, T. 139, 1904.

(33) GOLDSCHMIDT, R., Die quantitative Grundlage von Vererbung und Artbildung. Wilhelm Roux' Vorträge und Aufsätze über Entwicklungsmechanik der Organismen. H. XXIV, 1920.

(34) GOLDSCHMIDT, R., Erblichkeitsstudien an Schmetterlingen. III Der Melanismus der Nonne *Lymantria monacha* L. Z. f. ind. A. u. V., Bd 25, 1921, S. 89.

(35) GOLDSCHMIDT, R., Physiologische Theorie der Vererbung. Berlin, 1927.

(36) GORTNER, R. A., The origin of the brown pigment in the integuments of the larva of *Tenebrio molitor*. Journ. Biol. Chem., Vol. VII, 1909/1910, S. 365.

(37) GORTNER, R. A., Studies on melanin. III The inhibitory action of phenolic substances upon tyrosinase. Journ. Biol. Chem., Vol. X, 1911/1912, S. 113.

(37*a*) GORTNER, R. A., Studies on melanin. IV Origin of pigment and color pattern in the elytra of the Colorado potato beetle. Amer. Nat., Vol. 40, 1911, S. 743.

(38) HAECKER, V., Entwicklungsgeschichtliche Eigenschaftsanalyse (Phänogenetik). Jena, 1918.

(39) HAECKER, V., Aufgaben und Ergebnisse der Phänogenetik. Bibliogr. Gen., Bd I, 1925.

(40) HASEBROEK, K., Die Dopaoxydase, ein neues melanisierendes Ferment im Schmetterlingsorganismus. Biol. Centr., Bd 41, 1921.

(41) HASEBROEK, K., Zur Entwicklung der schwarzen Flügelfärbung der Schmetterlinge, speziell beim Melanismus. Arch. f. Entw. Mech. d. Org., Bd 52, 1922.

(42) HASEBROEK, K., Untersuchungen zum Problem des neuzeitlichen Melanismus der Schmetterlinge. Fermentforschung, Bd 5, 1921, S. 1 und S. 297.

(43) HENKE, K., Die Färbung und Zeichnung der Feuerwanze *Pyrrhocorus apterus* L. und ihre experimentelle Beeinflußbarkeit. Z. f. vergl. Physiol., Bd 1, 1924 (= Abt. C, Z. f. wiss. Biol.)

(44) HOGE, M. A., The influence of temperature on the development of a Mendelian character. Journ. exp. Zool., Vol. 18, 1915.

(45) KERSCHNER, TH., Die Entwicklungsgeschichte des männlichen Copulationsapparats von *Tenebrio molitor* L. Zool. Jahrb. Anat., Bd 36, 1913, S. 337.

(46) KRÜGER, E., Über die Entwicklung der Flügel der Insekten, mit besonderer Berücksichtigung der Deckflügel der Käfer. Diss. Inaug. Göttingen, 1898. Ref. in: Biol. Centr., Bd 19, 1899, S. 779.

(47) LANDOIS, H., und THELEN, W., Zur Entwicklungsgeschichte der facettirten Augen von *Tenebrio molitor* L. Z. f. wiss. Zool., Bd 17, 1867, S. 34.

(48) LENGERKEN, H. v., Prothetelie bei Coleopterenlarven (Metathelie) 2. Beitrag. Zool. Anz., Bd LIX, 1924, S. 323.

(49) LINDEN, GRÄFIN M. v., Physiologische Untersuchungen an Schmetterlingen. Z. f. wiss. Zool., Bd 82, 1905.

(50) MORGAN, T. H., The rôle of the environment in the realization of a sex-linked Mendelian character in *Drosophila*. Amer. Nat., Vol. 49, 1915, S. 385.

(51) MORGAN, T. H., and BRIDGES, C. B., Sex-linked inheritance in *Drosophila*. Carn. Inst. Wash. Publ., 237, 1916.

(52) MORGAN, T. H., Die stoffliche Grundlage der Vererbung. Deutsche Ausgabe von Hans Nachtsheim. Berlin, 1921.

(53) MORGAN, T. H., BRIDGES, C. B., STURTEVANT, A. H., The genetics of *Drosophila*. Bibliogr. Gen., Bd II, 1925.

(54) OUDEMANS, J. TH., De Nederlandsche Insecten. Zutphen, 1900.

(55) PEARL, R., Experimental studies on the duration of life, I—X. Amer. Nat., Vol. 55, 1921, Vol. 56, 1922, Vol. 57, 1923, Vol. 58, 1924.

(56) PHISALIX, G., Sur le changement de coloration des larves de *Phyllodromia germanica*. C. R. soc. Biol., Vol. LIX, 1905.

(57) PLOTNIKOW, P., Über die Häutung und über einige Elemente der Haut bei den Insekten. Z. f. w. Zool., Bd 76, 1904.

(58) PRUTHI, HEM SINGH, Studies on insect Metamorphosis. I Prothetely in mealworms (*Tenebrio molitor*) and other insects. Effects of different temperatures. Proc. Cambr. Phil. Soc. (Biol. Sc.), Vol. I, 1924.

(59) PRZIBRAM, H., und BRECHER, LEONORE, Ursachen tierischer Farbkleidung. I Vorversuche an Extrakten. Arch. f. Entw. Mech. d. Org., Bd 45, 1919, S. 83.

(60) PRZIBRAM, H., Ursachen tierischer Farbkleidung. II Die Theorie. Ebenda, S. 199.

(61) PRZIBRAM, H., und DEMBOWSKI, J., Ursachen tierischer Farbkleidung. III Konservierung von Tyrosinase durch Luftabschluß. Ebenda, S. 260.

(62) PRZIBRAM, H., DEMBOWSKI, J. und BRECHER, LEONORE, Ursachen tierischer Farbkleidung. IV Einwirkung von Tyrosinase auf „Dopa". Arch. f. Entw. Mech. d. Org., Bd 48, 1921, S. 140.

(63) RENGEL, C., Über die Veränderungen des Darmepithels bei

Tenebrio molitor während der Metamorphose. Z. f. wiss. Zool., Bd 62, 1896.

(64) RENGGER, J. R., Physiologische Untersuchungen über die thierische Haushaltung der Insekten. Tübingen, 1817.

(65) RIDDLE, O., Our knowledge of melanin colour formation and its bearing on the mendelian description of heridity. Biol. Bull., 16, 1909.

(66) ROCQUES, F., Sur la variation d'une enzyme oxydante pendant la métamorphose chez un Trichoptère. C. R. Acad. Sc. Paris, T. 149, 1909.

(67) SACCARDO, P. A., Chromotaxia seu nomenclator colorum polyglottus additis speciminibus ad usum Botanicorum et Zoologorum, Editio Altera, Pavia, 1894.

(68) SALING, TH., Zur Kenntnis der Entwicklung der Keimdrüsen von *Tenebrio molitor*. Diss. Inaug., Marburg, 1906.

(69) SCHMALFUß, H., und WERNER, H., Über das Hautskelett von Insekten. Ber. d. Dtsch. chem. Ges., Bd 58 (2), 1925, S. 2763.

(70) SCHMALFUß, H., und WERNER, H., Chemismus der Entstehung von Eigenschaften. Z. f. i. A. u. V., Bd 41, 1926.

(71) SCHMALFUß, H., Vererbung, Entwicklung und Chemie, nebst entwicklungschemischen Untersuchungen an Organismen. Die Naturwissenschaften, Jahrg. 1928, S. 209.

(72) SCHRÖDER, CH., Handbuch der Entomologie. Bd I. Jena, 1912.

(73) SIRKS, M. J., Handboek der algemeene Erfelijkheidsleer. 's Gravenhage, 1922.

(74) STEVENS, N. M., Studies on spermatogenesis. Carn. Inst. Wash. Publ., 36, Part 1, 1906.

(75) TANAKA, Y., A study of mendelian factors in the silkworm *Bombyx mori*. Journ. Coll. Tohoku Imp. Univ. Sapporo, 1913.

(76) TOWER, W. L., Colors and Color patterns of Coleoptera. Dec. Publ. Univ. Chicago, first series, X, 1903.

(77) TOWER, W. L., An investigation of evolution in Chrysomelid beetles of the genus *Leptinotarsa*. Carn. Inst. Wash. Publ., 48, 1906.

(78) VERNE, J., Les pigments dans l'organisme animal. Paris, 1926.

(79) WHITING, P. W., Rearing meal-moths and parasitic wasps for experimental purposes. Journ. Her., Vol. XII, 1921.

(80) ZULUETA, A. DE, La herencia ligada al sexo en el coléoptera *Phytodecta variabilis* (Ol.). „Eos", Revista Española de Entomologia, 1, 1925.

1
2
3
4
5
6
7
8
9
10
R. Hoeksema del.

ERKLÄRUNG DER FARBIGEN TAFEL Pl. 1.

1. gelbbraune Larve.
2. orange Larve.
3. umbrabraune Larve.
4. Puppe des orange Typus.
5. Puppe des umbrabraunen Typus.
6. F1-Bastard zwischen 4 und 5.

7—10. Gelber, fleischfarbener, roter, gefleckter Augentypus. Lateralansicht des Kopfes.

1, 2 und 3 V = ± 3 ×. 4, 5 und 6 V = 6 ×. 7—10 V = 6 ×.